Cornelia Topf

Präsentations-Torpedos entschärfen

Cornelia Topf

Präsentations-Torpedos entschärfen

So überleben Sie persönliche Angriffe, Pannen, dumme Zwischenfragen und andere Störfaktoren

REDLINE | VERLAG

Bibliografische Information der Deutschen Nationalbibliothek

Die Deutsche Nationalbibliothek verzeichnet diese Publikation in der Deutschen Nationalbibliografie. Detaillierte bibliografische Daten sind im Internet über http://dnb.d-nb.de abrufbar.

Für Fragen und Anregungen:
topf@redline-verlag.de

1. Auflage 2010

© 2010 by Redline Verlag, ein Imprint der FinanzBuch Verlag GmbH, München,
Nymphenburger Straße 86
D-80636 München
Tel.: 089 651285-0
Fax: 089 652096

Redaktion: Jana Stahl, Heidelberg
Umschlaggestaltung: Thomas Uhlig, www.coverdesign.net
Umschlagabbildung: Thomas Uhlig, unter Verwendung von Motiven von dreamstime.com
Satz: HJR, Jürgen Echter, Landsberg am Lech
Druck: Konrad Triltsch, Ochsenfurt
Printed in Germany

ISBN 978-3-86881-276-3

Weitere Infos zum Thema

www.redline-verlag.de
Gerne übersenden wir Ihnen unser aktuelles Verlagsprogramm.

Inhaltsverzeichnis

Vorwort

Wann haben Sie Ihre nächste Präsentation? Sind Sie schon aufgeregt? Warum?

Seit über 25 Jahren coache und trainiere ich Führungskräfte, Verkäufer, Angestellte, Ärzte, Unternehmer, Assistentinnen und andere Menschen, die von Berufs wegen präsentieren müssen oder Präsentierende coachen, beraten und trainieren. In diesen Jahren hat sich bei mir die Erkenntnis gefestigt, dass sich Menschen, die präsentieren müssen oder wollen, im Grunde nur für zwei Fragen brennend interessieren.

1. Fragen zur Technik: Wie gestalte ich Struktur und Visualisierung? Wie funktionieren Medienwahl und Ablauf einer guten Präsentation?

2. Fragen zu Störungen: Was mache ich, wenn einer dumm dazwischenquatscht? Wenn mich mittendrin der Vorgesetzte unfair angeht? Wenn einer eine Frage stellt, die ich nicht beantworten kann?

In den einschlägigen Seminaren und Publikationen zur Präsentation wird hauptsächlich Technik vermittelt: Struktur und Visualisierung. Leider geht das etwas an der Realität der Teilnehmer vorbei. Für 90 Prozent der Manager, Mitarbeiter und anderen Menschen, die im Berufsleben präsentieren müssen, ist nicht die Technik das größte Problem, sondern die Angst vor »Präsentations-Torpedos«. Deshalb lauten die häufigsten Fragen bei Präsentations-Coachings immer noch: Wie gehe ich mit dummen Zwischenfragen um? Wie mit klingelnden Handys, Witzen auf Kosten des Präsentators, tuschelnden Zuhörern, rechthaberischen Vorgesetzten und Angebern im Publikum? Diese Fragen werden meist nur am Rande von Präsentations-Trainings behandelt – in diesem Buch stehen sie im Mittelpunkt.

Der vorherrschende Mangel an Information ist umso unverständlicher, da selbst renommierte Vorzeige-Manager und Vorstandsmitglieder mich vor wichtigen Präsentationen mit quälenden Ängsten vor Störungen aufsuchen, um sich coachen zu lassen. Manager, die technisch gesehen einwandfrei präsentieren – aber bei der Störungsbehandlung schlicht unterversorgt sind. Diesem Mangel hilft das vorliegende Buch ab. Nachdem Sie es gelesen haben,

➤ werden Sie mit deutlich weniger Lampenfieber in Ihre Präsentation gehen,

➤ werden Sie in jeder Situation wissen, wie Sie mit allen möglichen und unmöglichen Störungen umgehen können,

➤ werden Sie Störungen aller Art nicht länger aus der Fassung und dem Konzept bringen,

➤ werden Sie sich im Gegenteil sogar an Störungen profilieren können,

➤ werden Sie sicherer und souveräner präsentieren,

➤ werden Ihre Präsentationen besser beim Publikum ankommen,

➤ werden Sie nicht länger auf typische 08/15-Rezepte hereinfallen, die bei der Störungsbehandlung nicht funktionieren,

➤ werden Sie in kritischen Situationen nicht nur ein Werkzeug, sondern einen gut bestückten »Entstörungskoffer« mit vielen Werkzeugen parat haben, um flexibel reagieren zu können,

➤ werden Sie in kritischen Situationen eben nicht »ausrasten« oder stumm schlucken, sondern Verhaltensalternativen haben,

➤ werden Sie Situationen souverän meistern, in denen Sie früher Stress pur erlebten.

Sobald Sie mit Störungen umgehen können, gewinnen Sie an Sicherheit, Souveränität, Ausstrahlung und Überzeugungskraft. Sie finden besseren Anklang beim Publikum, Ihre Präsentationen haben mehr Erfolg. Wenn Sie in der Akquise präsentieren, werden Sie mehr Aufträge mit Ihren Präsentationen akquirieren können. Wenn Sie Menschen trainieren oder coachen, die präsentieren, werden Ihre Teilnehmer und Coachees besser präsentieren, weil sie besser mit Störungen umgehen können.

In vielen Publikationen und Seminaren wird viel Wert auf die inhaltliche Gestaltung von Präsentationen gelegt. Das ist nötig und nützlich. Leider macht jede(r) Präsentierende bald die schmerzvolle Erfahrung: Wer mit Störungen aller Art nicht souverän umgehen kann, dem nützen selbst der tollste Inhalt und die beste Visualisierung herzlich wenig. Denn ein frecher Störer kann direkt oder indirekt eine ganze Präsentation kaputtmachen. Erfolgreiche Präsentatoren beherrschen immer beides: Inhalt und Prozess, Informationsvermittlung und Störungsbehandlung.

Wenn Sie auf der letzten Buchseite angelangt sind, werden Sie beruhigt in jede Präsentation gehen. Denn Sie wissen, dass Sie mit allem fertig werden, was da auf Sie zukommt. Ein beruhigendes Gefühl, das Souveränität und Erfolg verspricht.

1   So verhindern Sie Störungen

Furcht ist keine Vorbereitung!

Wie reagieren Präsentatoren normalerweise auf Störungen? Mit Verunsicherung: »Huch, was soll das denn jetzt?« Mit Erstaunen, Erstarren, Versagensangst und oft mit Fassungslosigkeit: »Wie kann man nur so unsachlich, so unfair sein!«

Sie geraten aus der Fassung und bald darauf aus dem Konzept, verlieren den Faden, stolpern und straucheln im Ablauf ihrer Präsentation. Der Angstschweiß bricht aus. Man fängt an, nach Worten zu suchen oder haut mit der Verbalkeule drauf und verschreckt damit Störer und Publikum. Selbst der eben eingenickte Teilnehmer in der letzten Reihe bekommt dann mit, dass der Präsentator gerade vorgeführt wird, die Situation nicht unter Kontrolle hat, ein schlechtes Bild abgibt. Warum? Aus einem einfachen Grund:

> Dass Störungen stören, liegt meist nicht an der Störung selbst, sondern an der mangelnden Vorbereitung des Präsentators!

Es klingt paradox, doch die meisten Präsentatoren bereiten sich auf Störungen vor, indem sie sich davor fürchten! »Was mache ich, wenn die Zuhörer über mich tuscheln? Wenn eine dumme Frage kommt?« Diese Sorgen quälen Präsentatoren oft Tage vor dem Ereignis und halten sie nachts wach. Wach zu liegen ist die falsche Art, mit drohenden Störungen umzugehen.

Torpedo-Tipp 1:
Vorbereitung ist die halbe Miete.

Das Nichtangriffs-Postulat

Eine der wirksamsten Vorbereitungsmaßnahmen gegen Störungen ist so einfach und leicht, dass sie oft übersehen wird:

In dubio pro reo. Gehen Sie bei jeder Störung zunächst einmal davon aus, dass keine Provokation dahintersteckt – auch wenn es danach aussieht.

Sie sind als Präsentator kein Apportierhund, der losrennt, wenn man das Stöckchen wirft:

Torpedo-Tipp 2:
Was eine Störung ist und was nicht, bestimmen immer noch Sie!

Britta präsentiert die neueste Entwicklung ihrer Abteilung, als ein Teilnehmer in der ersten Reihe vernehmlich gähnt. Bis vor Tagen noch hätte Britta ihn sofort mit einem Säureblick gebannt und sich so dem Publikum als leicht reizbare Megäre präsentiert. Inzwischen arbeitet sie mit dem Nichtangriffs-Postulat. Sie schenkt dem vermeintlichen Störer einen Vertrauensvorschuss: »So, wie er aussieht, hatte er eine kurze Nacht!«

Die Wirkung dieses Perspektivwechsels ist enorm: Während sie früher »Störung!« dachte und sofort Pulsrasen und Schweißausbruch bekam, bleibt Britta heute ganz ruhig. Das erleichtert ungemein, macht souverän – und das merkt auch das Publikum!

Enorm viele Störungen sind überhaupt keine Störungen, sondern lediglich Überempfindlichkeiten eines nervösen Präsentators.

Stellen Sie diese Überempfindlichkeit ab. Mit dem Nichtangriffs-Postulat. Wenn sich herausstellen sollte, dass das Gähnen doch eine Provokation war, können Sie immer noch darauf eingehen (s. Kapitel 3).

Halten Sie Störungen für unverschämt?

Schon an dieser frühen Stelle reagieren einige Präsentatoren in Seminaren und Coachings etwas gereizt: »Warum soll eigentlich ich etwas gegen Störungen unternehmen? Störungen sind unverschämt! Ich bin für den Inhalt der Präsentation verantwortlich – nicht für die Unhöflichkeit der Störer!« Die Entrüstung ist berechtigt. Leider nutzt sie wenig.

Auch wenn Sie noch so entrüstet sind – Störungen können Sie nicht verbieten!

Sie können sich lediglich bestmöglich darauf einstellen. Wer sich auf Störungen nicht vorbereitet, begeht Präsentations-Harakiri. Unter uns gesagt: Eine gute Störungsbehandlung macht keinen großen Aufwand. Sie schmökern sich zwar jetzt durch eine Menge Buchseiten. Doch wenn Sie die Störungsbehandlung intus haben, läuft das wie das Kuppeln im Auto: ganz automatisch.

Vermeiden Sie Provokationen!

Wenn ich gemeinsam mit Präsentatoren deren Präsentationen analysiere, sind wir oft erstaunt, wie viele Störungen nicht vom Publikum ausgehen, sondern – Sie erraten es nie! – vom Präsentator selbst.

Torpedo-Tipp 3:
Vermeiden Sie alles, was eine Störung provozieren könnte!

Vielleicht fühlen Sie jetzt eine vage Irritation aufsteigen: Aber woher soll man denn wissen, was das unberechenbare Publikum provoziert? Nun, so unberechenbar sind Publikum und Störer nicht. Wenn wir Störungen analysieren, sagen die Präsentatoren in der Regel selbst: »Das hätte ich mir auch schon vorher denken können!« Also machen wir doch aus der Nachsicht eine Vorsicht, indem wir die häufigsten vermeidbaren Provokationen betrachten und vermeiden.

Kleidung

»Finden Sie diesen Aufzug angemessen für eine Präsentation?«, musste sich eine meiner Coachees von ihrem Geschäftsführer anhören. Der »Aufzug« war ein sportliches, gedecktes Sakko über einer Designer-Jeans. Die Präsentatorin hatte sich noch gewundert, warum alle Kollegen in Anzug und Krawatte präsentieren und wollte etwas frischen Wind in die Sache bringen. Falsch gedacht.

> Beachten Sie bei Präsentationen den Dresscode, die Kleiderordnung für Ihr Unternehmen, Ihre Abteilung, den Kunden und speziell die Kleiderordnung für Präsentationen.

Schauen Sie sich dazu um: Wie präsentieren andere? Welche Äußerungen der Ranghöchsten zur Kleidung bei Präsentationen sind aktenkundig? Wie ist das Publikum gekleidet, vor dem Sie präsentieren? Kleiden Sie sich entsprechend. Wenn also der Vorstandsvorsitzende Gast in Ihrer Präsentation ist, dann kleiden Sie sich noch ein wenig besser als sonst (aber niemals so gut oder gar besser als the Big Boss!). Sie dürfen und sollen diesen offiziellen Kleidungsstil ruhig durch eine persönliche Note bereichern – aber nicht total umkrempeln!

»Ich habe nur auf Ihre Beine gestarrt«, meinte ein Kollege durchaus bewundernd zu einer anderen Präsentatorin. Das war nicht Ziel der Präsentation! Natürlich möchte man und frau sich für eine Präsentation besonders gut kleiden. Doch besonders gut ist nicht unbedingt erotisch, aufreizend oder besonders modisch.

> Womit wollen Sie beeindrucken? Mit Ihrer Kleidung oder mit Ihrem Fachverstand?

Auftreten

»Recht forsch, junger Mann!« »Nun produzieren Sie sich mal nicht so, Sie sind ja noch grün hinter den Ohren!« Beides sind Originalzitate von Störern. Beide Male war der gestörte Präsentator persönlich geknickt. Beide Male zu Unrecht.

> Ihr Enthusiasmus, Sendungsbewusstsein, Engagement und Ihre Motivation in allen Ehren – aber überlegen Sie auch, vor wem Sie präsentieren und welches Auftreten von Ihnen erwartet wird!

Verlassen Sie sich dabei ruhig auf Ihr Gefühl: Kommt das an, wie Sie sich geben? Vor hierarchisch Höhergestellten sollte man eben nicht zu forsch auftreten, vor Ingenieuren sollte man keine technikfeindlichen Äußerungen fallen lassen, vor Kaufleuten nicht abfällig über Rentabilität und andere Kennzahlen reden, vor einem Entscheidungsgremium sollte man die Entscheidung nicht vorwegnehmen.

Fragen Sie sich: Welches Auftreten passt zu meiner Zielgruppe, zu meinem Thema, zur Situation und zu mir?

Die Auftretens-Falle

Warum treten erstaunliche viele Präsentatoren und Präsentatorinnen unangemessen auf? Weil sie damit ihre Unsicherheit kompensieren.

Präsentationen verunsichern. Wer verunsichert ist, reagiert oft unangemessen.

Manche reagieren auf Verunsicherung mit einer Überreaktion: Je unsicherer sie sich fühlen, desto forscher treten sie auf, um ihre Unsicherheit zu überspielen. Andere geben ihrer Unsicherheit nach und treten auf wie das sprichwörtliche Mauerblümchen. Beide Reaktionen sind Eigentore. Denn bei jeder Präsentation präsentieren Sie auch sich selbst mit.

Für ein gesundes Selbstbewusstsein, einen angemessenen Umgang mit Unsicherheit gibt es ein simples Mittel. Sagen Sie sich so oft wie nötig: Egal welche hohen Tiere und Besserwisser im Publikum sitzen – keiner weiß mehr über das Präsentationsthema als ich! Ich bin der Fachmann, die Fachfrau im Felde. Schließlich habe ich Stunden in die Präsentation gesteckt. So gut vorbereitet ist sonst keiner!

Oder wie eine meiner Seminarteilnehmerinnen in Anlehnung an einen großen deutschen Komiker sagte: »Was schert es eine deutsche Eiche, wenn ein Schwein sich an ihr kratzt?«

Dialekt

Es passiert überraschend oft, dass Präsentatoren unter dem Stress des Ereignisses in ihre Mundart verfallen. Das geschieht unbewusst. Das heißt nicht, dass Sie es nicht bewusst korrigieren können. Tun Sie es nicht, erleben Sie die Störung, die ein Abteilungsleiter in einem Luftfahrtkonzern erlebte, dem gesagt wurde: »Lernen Sie erst mal Deutsch, bevor Sie uns hier etwas verkaufen wollen!« Einem Stuttgarter Ingenieur wurde in Hamburg allen Ernstes gesagt: »Glauben Sie wirklich, dass Sie als Südtiroler uns Nordlichtern etwas sagen können?«

> Eine mundartliche Einfärbung wirkt attraktiv und auflockernd. Ein zu breiter Dialekt dagegen provoziert Störungen.

Was ist, wenn Sie wirklich nur mundartlich eingefärbt reden, ein bösartiger Störer Sie aber trotzdem deshalb auf die Schippe nimmt? Dann schippen Sie höflich, humorig, aber immer bestimmt zurück:

»Ich bemühe mich, meine sprachliche Herkunft nicht allzu sehr durchscheinen zu lassen. Wie ich an den Reaktionen im Publikum sehe, wird das auch honoriert. Schade, dass Sie meine Bemühung nicht würdigen können.« Und danach sofort weiter im Text.

> **Torpedo-Tipp 4:**
> So schnell wie möglich weiter im Text! Lassen Sie sich durch Störungen nicht aufhalten!

Sie können auch das Publikum mit einbeziehen: »Wer versteht mich ebenfalls nicht? Keiner? Na dann werde ich für Sie besonders deutlich reden.« Damit ist der Störer isoliert und ruhiggestellt. Keine Antwort abwarten, sondern sofort weiter im Text.

Interessen

»Was soll das Ganze denn?« »Das ist alles ein wenig oberflächlich.« »Na ja, ganz nett, aber was bringt das jetzt?« Sie halten das für bösartige Störungen? So wirken sie, das ist sicher. Doch alle drei Störungen wurden bezeichnenderweise von den Präsentatoren selbst provoziert: Sie alle präsentierten mehr oder weniger, teilweise oder ganz an den Interessen der Zuhörer vorbei. Das langweilt. Und wer gelangweilt ist, stört häufig.

> Präsentieren Sie das, was Ihre Zuhörer interessiert, und Sie werden nicht aus Langeweile gestört werden.

Das setzt voraus, dass Sie wissen, was Ihre Zuhörer interessiert. Klingt trivial, ist aber in 90 Prozent der Fälle nicht gegeben. Die meisten Präsentatoren haben sich entweder kaum Gedanken darüber gemacht, was ihre Zuhörer interessiert – schließlich referieren sie über das, was (ihnen!) wichtig an diesem Thema ist. Oder sie glauben zu wissen, was ihre Zuhörer interessiert. Das ist Anmaßung. Denn die meisten Referenten sind keine Telepathen.

> Es gibt Wege, herauszufinden, was Ihr Publikum interessiert. Unterhalten Sie sich vorab mit einigen Zuhörern. Und wundern Sie sich nicht, was Menschen an Ihrem Thema so alles interessiert. Wählen Sie Beispiele aus den Erfahrungsbereichen der Zuhörer.

Dieser Punkt Ihrer Torpedo-Vorbereitung ist nicht zu unterschätzen. Einige Topmanager, die ich coache, sagen sogar: »Sie können jeden erdenklichen Präsentationsfehler begehen. Sie können zu viele oder zu wenige Charts zeigen, zu schnell reden (auch eine Provokation!) oder die Leute mit Animationen schwindlig präsentieren – aber wenn Sie die Interessen des Publikums treffen, wird es nicht nur keine Störungen geben. Die Zuhörer werden wie gebannt an Ihren Lippen hängen. Schließlich geht es um ihre Interessen!«

Struktur

»Nun kommen Sie mal auf den Punkt, mein Lieber!« »Bleiben Sie doch bitte beim Thema.« »Bei dieser Vortragsweise kann ich Ihnen beim besten Willen nicht folgen!«

> Sie haben sich solche Störungen selbst zuzuschreiben. Die Struktur ihrer Präsentation war nicht erkennbar. Den Zuhörern fehlte der rote Faden. Sie empfanden die Präsentation als geistiges Bockhüpfen.

Deshalb störten sie. Wer Leipziger Allerlei präsentiert, darf sich nicht wundern, wenn das Publikum als Zwischenmahlzeit Störungen auftischt.

Sorgen Sie für eine gute Struktur. Für einen klaren Anfang, Mittelteil, Schluss. Für einen durchgängigen roten Faden. Für klar erkennbare Übergänge zwischen den einzelnen Teilen Ihrer Präsentation. Verbalisieren Sie den roten Faden, zum Beispiel: »Soviel zum Ablauf der Kampagne und nun zu unserem nächsten Punkt, es ist Punkt sieben: die Kostenseite.« Dann kann Ihnen jeder folgen – und stört nicht, weil er den Faden verloren hat.

Sicherheit

Vielleicht kennen Sie das Sprichwort: »Den Unsicheren beißen die Hunde.« Es heißt, dass Hunde eher zubeißen, wenn sie spüren, dass ein Mensch Angst hat. Ich weiß nicht, ob das bei Hunden so ist – bei Präsentationspublikum ist es auf jeden Fall so. Je unsicherer der Präsentator auftritt, desto stärker lädt er zu Übergriffen ein.

> Treten Sie selbstsicher und souverän, aber nicht nassforsch auf, um Störer nicht herauszufordern.

Woher Sie die nötige Selbstsicherheit bekommen, haben wir oben bereits betrachtet (s. Abschnitt »Die Auftretens-Falle«).

Medienwahl

»Schon wieder eine Tabelle!« »Können Sie das Chart nochmals zeigen?« »Können Sie das Chart bitte vorlesen?« »Was soll uns dieses Diagramm sagen?«

Vielleicht kennen Sie solche Zwischenmeldungen – entweder aus Erfahrung oder aus der Anschauung. Natürlich stören und ärgern solche Zwischenrufe. Denn es ist ärgerlich, wenn die Medienwahl und die Visualisierung so mangelhaft sind, dass das Publikum auf die Barrikaden geht.

Gestalten und benutzen Sie alle Materialien während einer Präsentation so, dass sie nicht nur inhaltlich korrekt sind, sondern auch vom Publikum auf Anhieb verstanden und nachvollzogen werden können.

Zeiteinteilung

»Kommen Sie bitte zum Ende.« »Wie lange denn noch?« »Konzentrieren Sie sich auf das Wesentliche!« »Nun lassen Sie mal die Kirche im Dorf!«

Wie bereits Kurt Tucholsky bemerkte: Obwohl jeder von uns in einer langatmigen Präsentation vor Langeweile schon mal (fast) eingeschlafen ist, hält uns das nicht ab, eine ebenso langatmige Präsentation zu halten, wenn wir an der Reihe sind.

Beachten Sie die Aufmerksamkeitsspanne des normalen Menschen: Nach 20 Minuten ist selbst bei bestem Willen Schluss.

Und kommen Sie nicht mit dem Einwand, dass Ihr Thema viel zu komplex ist, um in 20 Minuten abgehandelt zu werden. Wie schon Hans Carossa, der Schriftsteller, sagte: »Was man in 30 Sätzen sagt, kann man auch in drei Sätzen sagen.« Sonst sollte man es bleiben lassen. Der Schaden wäre größer als der Nutzen. Präsentation ist nicht die Kunst, alles oder alles Mögliche zu sagen, sondern die Kunst, das (aus Sicht der Zuhörer!) Wesentliche zu präsentieren.

Engagement

»Das glauben Sie doch selbst nicht, was Sie da sagen!« Oder einfach nur: Gähnen, gelangweiltes Herumgucken, Einschlafen und an die Decke starren. Menschen stören, wenn sie sich gelangweilt fühlen. Erschreckend vielen Präsentatoren fehlt es ganz einfach an sichtbarem Engagement. Warum? Weil ihnen die Präsentation schnuppe ist? Im Gegenteil. Sie wollen besonders seriös und souverän wirken.

Vorsicht, Falle! Bei Ungeübten wirken beabsichtigte Seriosität und Ernsthaftigkeit meist wie mangelndes Engagement oder Besserwisserei.

Zeigen Sie also ruhig, dass Sie hinter dem stehen, was Sie präsentieren, dass das Thema zumindest Sie bewegt.

Sie motivieren andere, wenn Sie selbst motiviert sind – und das auch so rüberkommt!

Natürlich sollten Sie nicht mit dem Engagement übertreiben – aber das hatten wir ja schon (s. Abschnitt »Auftreten«).

Checkliste: Selbst verursachte Störungen vermeiden

Hier finden Sie die vorangegangenen Abschnitte kurz zusammengefasst.

- ❑ Kleiden Sie sich nach dem Dresscode Ihrer Zielgruppe. Es empfiehlt sich sogar, sich ein bisschen feiner zu kleiden als von der inoffiziellen Kleiderordnung verlangt. Eine Präsentation ist schon etwas Besonderes.

- ❑ Treten Sie so auf, dass es zum Anlass, zum Thema, zu Ihnen, zur Situation und vor allem zu Ihrer Zielgruppe passt!

- ❑ Bändigen Sie Ihren Dialekt, falls vorhanden. Ein wenig Mundart ist attraktiv, zu viel provoziert Störungen.

- ❑ Präsentieren Sie das, was Ihre Zuhörer interessiert – die eigenen Interessen stört kein Mensch!

- ❑ Präsentieren Sie mit einer überdeutlichen Struktur – damit Sie nicht gestört werden, weil Ihre Zuhörer die Orientierung verloren haben.

- ❑ Egal, was passiert, und wenn der Himmel einstürzt: Präsentieren Sie souverän und selbstsicher – selbst wenn Sie sich nicht so fühlen! Act as if – tun Sie, als ob. Denn unsichere Präsentatoren werden doppelt so oft gestört wie souveräne Referenten.

❏ Wählen und benutzen Sie Medien und Visualisierungen so, dass sie nicht nur den Inhalt darstellen, sondern auch vom Publikum auf Anhieb verstanden und akzeptiert werden.

❏ Präsentieren Sie nach dem KISS-Prinzip: Keep it short and simpel. Short bedeutet: 20 Minuten, nicht mehr. Im Anschluss können Fragen in einer Diskussionsrunde geklärt werden.

❏ Zeigen Sie Engagement bei der Präsentation. Halten Sie es mit Augustinus: »In Dir muss brennen, was Du in anderen entzünden willst.«

❏ Pannen provozieren Störungen. Daher: Keine Präsentation ohne Pannen-Prophylaxe (s. Kapitel 5)!

Das Dammbruch-Phänomen

Wenn Sie alle vermeidbaren Provokationen von vornherein vermeiden (s. o. Checkliste), ersparen Sie sich damit schon die meisten Störungen. Sie ersparen sich damit nicht nur die Störungen, die auf den Anlass (Kleidung, Auftreten, Medienwahl ...) bezogen sind. Denn für Präsentationen gilt:

Ist ein bestimmter kritischer Wert an Störungen überschritten, bricht die Hölle los!

Es ist ein für den interessierten Zeitzeugen immer wieder schockierend zu beobachtendes Phänomen der Gruppendynamik, dass ein angeschlagenes Opfer geradezu kannibalisiert wird.

Fred tritt bei seiner Präsentation vor dem Projekt-Lenkungsausschuss ein wenig zu überzeugt von seinem Projekt auf. Das geht vielen anwesenden Topmanagern sichtlich auf den Geist. Deshalb kritisieren sie nicht nur sein Auftreten durch die Blume (»Sie scheinen ja mächtig von sich selbst überzeugt zu sein!«). Nein, sie finden nun plötzlich fast alles unmöglich, was er präsentiert: den Projektplan, seine Medienwahl, seinen Budgetansatz ...

Das heißt: Wenn Sie Provokationen vermeiden, vermeiden Sie damit sehr viel mehr Störungen, als gemeinhin angenommen wird.

Das Torpedo-Radar

Wenn Sie im Vorfeld alle vermeidbaren Provokationen vermeiden und eine gute Pannen-Prophylaxe betreiben (s. Kapitel 5), werden Sie damit jede Menge Störungen schon im Ansatz verhindern.

> Claudia muss vor den Kollegen präsentieren. Mittendrin meint einer der netten Kollegen: »Das ist doch alles viel zu wolkig. Ich sehe keine harten Fakten, die so ein Vorhaben stützen würden!« Hinterher gesteht Claudia: »Eigentlich war klar, dass Peter so etwas sagen würde. Ich kenne ihn doch. Das hätte ich mir vorher schon denken können.«

Warum hat Claudia es sich nicht vorher schon gedacht?

Checkliste: Optimale Torpedo-Vorbereitung

Auch bei der Torpedo-Abwehr gilt: Vorbereitung ist die halbe Miete. Eine gute Vorbereitung beinhaltet lediglich vier Punkte:

➤ Eliminieren Sie alle möglichen und unmöglichen Quellen für Pannen.

➤ Prägen Sie sich das Nichtangriffs-Postulat (s. o.) ein, damit sie nicht aus der Fassung geraten und überreagieren.

➤ Vermeiden Sie bereits bei der Gestaltung von Inhalt, Medien und Auftreten alle denkbaren Provokationen (s. o.).

➤ Schalten Sie Ihr Torpedo-Radar ein (s. u.)!

Checkliste: Wir basteln ein Torpedo-Radar

Überlegen Sie während der Konzeption Ihrer Präsentation:

➤ Wer im Publikum ist ein notorischer, aktenkundiger oder möglicher Störer?

➤ Welche Störungen sind von ihm/ihr zu erwarten?

➤ Wenn Sie vor unbekanntem Publikum präsentieren: Welche Standard-Störungen sind zu erwarten?

➤ Welche Torpedo-Abwehrstrategien entwickeln Sie dafür?

Diese vier Komponenten einer funktionierenden Torpedo-Abwehr betrachten wir im Folgenden genauer. Doch zunächst zwei Tipps zur übersichtlichen Dokumentation von Störern und Störungen.

3S-Formblatt Torpedo-Radar

Die inhaltliche Planung Ihrer Präsentation machen Sie nicht im Kopf. Sie halten sie schriftlich fest. Dasselbe gilt für die Torpedo-Vorbereitung. Folgendes Formblatt hat sich dafür bewährt.

Störer	Störung	Strategie
Bert Beispiel	Will oft mehr harte Fakten.	Ich baue mehr ZDF ein – Zahlen, Daten, Fakten.

Formblatt Störer-Steckbrief

Bei besonders aktiven oder besonders gefährlichen Störern empfiehlt sich eine Sonderbehandlung:

Störer-Steckbrief	
für	Berta Beispiel
bekannte Störungen	klappert mit dem Kuli oder trommelt laut mit den Fingern
wahrscheinliche Ursachen	ist gelangweilt
Motive, Interessen	interessiert sich vor allem für die Anwendung
Abwehrstrategien	a) Anwendungsbezüge für jedes Hauptargument b) sie durch persönliche Ansprache hin und wieder in die Präsentation einbeziehen

Katalogisieren Sie Störer!

Verblüffend ist, dass die meisten Präsentatoren nach Störungen sagen: »Hätte ich mir denken können, dass er mit so was kommt!« Damit Sie nicht dieses Nachsehen haben, sehen Sie sich vor. Vorsicht ist besser als Nachsicht:

> **Torpedo-Tipp 5:**
> Bereiten Sie sich gezielt auf Störer und ihre Störungen vor.

Klingt einleuchtend. Warum machen es die meisten nicht? Weil sie sich aufregen: »Ich wette, er kommt morgen wieder mit seinem alten Hut von der unsicheren Finanzierbarkeit. Das könnte mich jetzt schon aufregen!« Nicht aufregen, sondern vorbereiten!

Checkliste: Störer

Suchen Sie mit dem Radar Ihre Zielgruppe nach Störern ab:

❑ Wer hat in Ihren früheren Präsentationen schon gestört?

❑ Wer ist für welche Störungen bekannt?

❑ Welcher hohe Hierarch sitzt in der Präsentation? Topmanager sind immer potenzielle Störer (sie haben das Gefühl, dass sie ihrem Ruf das schuldig sind).

❑ Wer hat eine Profilneurose, die er mit hoher Wahrscheinlichkeit auch in Ihrer Präsentation ausleben wird?

❑ Was sagen Kollegen, die bereits vor diesem Publikum präsentierten, über mögliche Störer?

❑ Wer hat sich bereits im Vorfeld zu Ihrem Thema kritisch geäußert?

❑ Wer ist ein altbekannter Gegner Ihres Themas?

❑ Wer könnte etwas aus politischen Gründen gegen Teile Ihres Themas haben?

Präsentieren vor unbekanntem Publikum

Selbst wenn Sie vor unbekanntem Publikum präsentieren, funktioniert Ihr Torpedo-Radar. So wie jeder gute Verkäufer die üblichen Einwände der Kunden kennt, so kann jeder, der sein Thema kennt, sich mit etwas Fantasie ausmalen, welche Stellen im Inhalt oder der Gestaltung kritisch sind und wo es zu Einwänden (»Störungen«) kommen könnte.

Klaus ist Hardware-Entwickler. Nächste Woche präsentiert er zum ersten Mal vor ungarischen Kunden. Obwohl er die Kunden nicht kennt, sagt er: »Bei den Kosten erwarte ich Störungen. Da hat es bislang noch bei jeder Präsentation zumindest aufgeregtes Gemurmel, meist ungläubige Zwischenrufe gegeben. Also setze ich schon mal mein verständnisvolles Lächeln auf und lege meine Kostenargumente zurecht.«

Legen Sie sich Abwehrstrategien zurecht

Das Schlimmste an Störungen ist nicht die Störung, sondern wenn der Präsentator dabei auf dem Schlauch steht.

Oder wenn er falsch, überzogen oder zu nachgiebig reagiert. Dass er oder sie also entweder keine oder keine angemessene Reaktion zeigt. Warum? Weil keine Reaktion geplant wurde! Das Wichtigste bei Störungen ist daher, dass Sie sich vorher eine angemessene Reaktionsweise zulegen. Planung ist die halbe Miete der Torpedo-Abwehr. Gut geplant ist halb abgewehrt.

Checkliste: Reaktionsstrategien

❑ Schauen Sie auf Ihr Radar (s. o.): Mit welchen Störungen müssen Sie rechnen?

❑ Wie könnte eine angemessene Reaktion darauf aussehen? (s. Kapitel 2, 3, 4, 6)

❑ Verankern Sie diese Reaktion: Visualisieren Sie sie so lange vor Ihrem geistigen Auge, bis sie stimmig ist und glatt durchläuft.

❑ Machen Sie, wenn Sie sich trotz Visualisierung noch unsicher fühlen, eine Test-Präsentation vor einem Advocatus Diaboli (jemandem, der den Störer spielt): Klappt die Reaktion auch in der Praxis?

Kapitel-Resümee: Vorbereitung ist die halbe Miete!

Torpedo-Tipp 1:

Die Hälfte der Torpedos können Sie durch eine gute Vorbereitung vermeiden.

Torpedo-Tipp 2:

Das Nichtangriffs-Postulat: Was eine Störung ist und was nicht, bestimmen immer noch Sie!

Torpedo-Tipp 3:

Vermeiden Sie alles, was eine Störung provozieren könnte!

Torpedo-Tipp 4:

So schnell wie möglich weiter im Text! Lassen Sie sich durch Störungen nicht über Gebühr aufhalten.

Torpedo-Tipp 5:

Bereiten Sie sich mit dem Torpedo-Radar gezielt auf Störer und ihre Störungen vor.

2 So wehren Sie kleine Torpedos ab

Prinzipien der Torpedo-Abwehr

Das große Problem bei Störungen ist, dass die weitaus meisten Präsentatoren

➤ nicht damit umgehen können, weil sie sich nicht ausreichend darauf vorbereitet haben (s. Kapitel 1),

➤ deshalb in der konkreten Situation meist unangemessen reagieren, also zu laut oder zu heftig.

Oder um es in den Worten eines Coachees auszudrücken: »Ich habe prinzipiell keine Ahnung, wie man mit Störungen umgeht!« Das ist das Stichwort: Störungen sind eine prinzipielle Sache. Prinzipien geben Orientierung. Wer keine Prinzipien für Störungen besitzt, reagiert meist falsch mit Runterschlucken, Ärger, Verunsicherung, Frust, Hilflosigkeit, Zynismus, Sarkasmus oder der großen Verbalkeule. Im Folgenden finden Sie einige der nützlichsten Prinzipien der Störungsbehandlung.

Das Prinzip der Angemessenheit

Torpedo-Tipp 6:
Behandeln Sie Störungen stets angemessen.

Wenn Sie nach diesem Prinzip handeln, vermeiden Sie einen der häufigsten Fehler bei Störungen: Die meisten Präsentatoren reagieren zu heftig.

Ein Teilnehmer steht mitten in der Präsentation auf und geht zur Tür. Der Präsentator meint hörbar ironisch: »Sie haben wohl Besseres zu tun?« »Ja«, sagt der Teilnehmer über die Schulter hinweg. »Gerade kam die SMS. Meine Tochter hatte einen Unfall. Ich muss zur Ambulanz.« Peinlich. Der Präsentator hat damit jede Sympathie verspielt. Vom Inhalt seiner Präsentation bekommen die Zuschauer ab jetzt nicht mehr viel mit.

Bewahren Sie Ruhe. Sie sind nicht der Oberlehrer in der Schule. Wer gehen will, darf gehen.

Reagieren Sie angemessen auf Störungen: kleine Störung – kleine Reaktion. Große Störung – große Reaktion. Wenn Sie nicht sicher sind, wie groß eine Störung ist (weil Sie vor lauter Aufregung jede Störung für unverschämt halten), reagieren Sie vorsichtshalber klein. Die große Keule können Sie immer noch ziehen, wenn sich herausstellt, dass der Störer Größeres im Sinn hat. Das ist immer noch besser, als einen Störer von vornherein verbal platt zu machen – und hinterher stellt sich die Störung als Bagatelle oder simples Missverständnis heraus!

Das Eskalationsprinzip

Reagieren Sie niemals zuerst mit der großen Verbalkeule. Falls die Störung ein bloßes Missverständnis ist, reagiert der zu Unrecht Abgebürstete mit schmollendem Rückzug oder einem Gegenschlag. Beides lässt Sie schlecht aussehen. Im schlimmsten Fall verbünden sich andere Teilnehmer mit Ihrem Opfer! Beginnen Sie mit Ihrer Störungsbehandlung daher immer auf kleiner Stufe, um sich dann allmählich steigern zu können, falls nötig.

Torpedo-Tipp 7:
Begegnen Sie Störungen zunächst auf der untersten Stufe.

Ignorieren aus Prinzip

Wer das erste Mal stört, den kann man, ja den muss man ignorieren – sofern es eine kleine Störung ist: lautes Gähnen, Rascheln, Zwischenbemerkung fallen lassen, Lachen, Kichern, Tuscheln. Beim zweiten Mal können Sie, beim dritten Mal müssen Sie etwas tun, sonst schwächen Sie Ihre Position gegenüber dem Publikum.

Torpedo-Tipp 8:

Die erste kleine Störung sollten Sie ignorieren. Bei der zweiten können Sie, bei der dritten müssen Sie eingreifen.

Präsentations-Neulinge haben mit dem gezielten Ignorieren oft Probleme, wie die Erfahrung zeigt. Sie glauben, ignorieren heiße runterschlucken. Das ist falsch, da man sich beim Runterschlucken ärgert und Ärger dem Präsentator und der Präsentation schadet.

Ignorieren heißt nicht Runterschlucken, sondern Reframen.

Reframen (englisch: einen anderen Rahmen wählen) bedeutet, einen Vorfall bewusst in einem anderen Licht zu betrachten. Wenn ein Teilnehmer zum Beispiel ständig auf die Uhr schaut – typische kleine Störung – dann nehmen Sie eben nicht länger an, dass er sich zu Tode langweilt, sondern zum Beispiel, dass er dringend auf die Toilette muss und nachschaut, wie lange es noch bis zum Ende der Präsentation dauert. Rein logisch betrachtet ist diese Erklärung so gut wie jede andere. Statistisch betrachtet ist sie sogar wahrscheinlicher.

Suchen Sie für kleine Störungen positive Erklärungen.

So einfach dieser Tipp zur Entstörung von heiklen Situationen auch ist, viele Präsentatoren haben damit große Probleme.

Die Ich-bin-schuld!-Falle

Unerfahrene Präsentatoren haben große Schwierigkeiten, hinter kleinen Störungen realistische Erklärungen zu sehen. Wenn ein Zuhörer in der ersten Reihe seine Stirn in Falten legt und den Kopf schüttelt, denken sie eben nicht »Der denkt gerade wohl ganz was anderes.« oder »Er denkt angestrengt nach!« Sie denken sofort und automatisch und leider oft genug, ohne dass sie den Gedanken bewusst wahrnehmen: »Ich habe etwas Falsches gesagt! Er ist gegen mich!«

> Unerfahrene Präsentatoren tappen bei Störungen meist in die Ich-bin-schuld!-Falle. Sie beziehen automatisch, unbewusst und reflexhaft alle Störungen direkt auf sich.

Für jede Störung gibt es Dutzende, wenn nicht Hunderte mögliche Erklärungen – doch die meisten Präsentatoren wählen unbewusst immer nur die eine: »Ich bin schuld! Ich präsentiere zu ...!«

> Zwei Teilnehmer flüstern und lachen dann. Der Präsentator denkt: »Oje, ich habe etwas Falsches gesagt und jetzt machen sich die beiden über mich lustig!« Dabei hat der eine dem anderen nur einen Witz erzählt.

Was ist der Grund für solche Fehlattributionen (Fehlzuordnungen), wie der Fachmann dazu sagt? Schlicht ein schwaches Selbstwertgefühl. Wessen Selbstsicherheit klein ist, der lässt sich selbst durch Bagatellstörungen aus dem Konzept bringen. Einen Präsentator, der vor Selbstbewusstsein strotzt, ficht es nicht an, wenn zwei kichern. Solche Albernheiten überhört er glatt. Nicht einmal große Störungen können ihn aus der Ruhe bringen. Da steht er einfach drüber.

> **Torpedo-Tipp 9:**
> Je gefestigter Ihr Selbstbewusstsein, desto leichter gehen Sie mit Störungen um.

Mehr Selbstbewusstsein!

Da die ungute Nebenwirkung eines schwachen Selbstbewusstseins sich darin zeigt, dass der Präsentator jede kleine Störung sofort auf sich bezieht, ahnen Sie bestimmt schon die Abhilfe für dieses Problem: Machen Sie einfach das Gegenteil!

Torpedo-Tipp 10:

Sagen Sie sich bei kleinen Störungen konsequent: »Nicht ich bin gemeint!« Das gilt bis zum Beweis des Gegenteils.

Beziehen Sie die kleine Störung nicht auf sich, sondern bewusst auf den Störer: »So ist er halt.« Oder: »Sie ist nicht gelangweilt, sondern einfach zappelig.« »Ich wusste doch schon vorher, dass er nie seine Klappe länger als fünf Minuten halten kann!« Der innere Dialog ist ein vorzügliches und äußerst erfolgreiches Mittel, um das eigene Selbstwertgefühl in Sekundenschnelle auf Vordermann oder -frau zu bringen.

Sie sorgen vor und während der Präsentation für ausreichendes Selbstwertgefühl, wenn Sie sich bei kleinen Störungen sagen:

➤ Er lehnt nicht mich als Präsentator ab, er hat lediglich ein Verständnisproblem.

➤ Wer stört, zeigt, dass er ein Problem hat. Das heißt, nicht ich habe das Problem, sondern der Zuhörer!

Wer ein gutes Selbstwertgefühl hat, den bringt so schnell nichts aus dem Konzept. Der strahlt Ruhe und Gelassenheit, Souveränität und Sicherheit, Kompetenz und Sympathie aus. Leider unterliegen viele Menschen auch hier einem verbreiteten Missverständnis:

Ein gutes Selbstwertgefühl kommt nicht von alleine! Es will ständig gepflegt, gewartet und wieder aufgebaut werden!

Bauen Sie sich selbst auf. Wer sollte es sonst für Sie tun?

Das Prozessprinzip

Eben haben wir gesehen, dass Sie Bagatelltorpedos in Sekundenbruchteilen entschärfen, indem Sie einfach reframen: »Er meint nicht mich – er hat das Problem, nicht ich!« Das heißt, Sie ordnen die Störung nicht länger sich, sondern dem Störer zu (was nur logisch ist – schließlich kommt die Störung von ihm und nicht von

Ihnen). Eine zweite Reframing-Möglichkeit liegt in den Umständen, im Prozess. Diese Erklärungsmöglichkeit übersehen die meisten Präsentatoren.

Torpedo-Tipp 11:

Beziehen Sie eine Störung nicht auf sich, sondern auf den Verständigungsprozess.

Thomas ist wie die meisten Präsentatoren derart in seinen Inhalt vertieft, dass er nicht bemerkt, wie einige seiner Zuhörer Aufmerksamkeits-, Info-Aufnahme-, Verständnis- und Verarbeitungsprobleme haben. Sie verlieren den Faden, werden unruhig – was Thomas als zunehmende Störung interpretiert. Dabei ist es das nicht. Es ist lediglich ein Verständigungsproblem!

Die meisten Präsentatoren sind derart auf den Inhalt konzentriert, dass sie den Prozess der Info-Aufnahme und -Verarbeitung völlig außer Acht lassen. Der geübte Präsentator fährt immer zweigleisig. Wie Autofahren, da kann man nebenbei auch das Navi bedienen oder telefonieren.

Die Folge: Die Zuhörer kommen nicht mehr mit, werden unruhig, zappeln, rascheln, räuspern sich, machen Zwischenrufe und erheben Einwände.

Stellen Sie Prozessfragen

Wenn Sie diffuse Störungen wahrnehmen, gehen Sie auf die Metaebene – kommunizieren Sie über die Kommunikation. Fragen Sie: »Ich habe den Eindruck, dass ... (sich Müdigkeit breitmacht, Fragen aufgetaucht sind, etwas unklar ist, ...). Ist mein Eindruck richtig?« Oder: »Woran liegt's denn?«

Formulieren Sie die Prozessfrage immer sehr vorsichtig!

Also zum Beispiel mit der Formulierung: »Ich habe den Eindruck ...«. Denn der Eindruck täuscht in der Regel. Es liegt zum Beispiel nicht daran, dass Ihre Zuhörer Ihnen nicht mehr folgen können, sondern dass sie bereits die Folgen des Gesagten diskutieren – oder umgekehrt!

Den Eindruck verifizieren und darauf eingehen

Mit der Prozessfrage überprüfen Sie Ihren ersten Eindruck, zum Beispiel: »Mir scheint, dieser Punkt begeistert Sie nicht so sehr.« »Doch, doch. Wir reden nur grade darüber, dass wir diese tolle Sache doch wieder nicht ganz oben durchsetzen können!«

Damit hat der Präsentator seinen Eindruck in diesem Fall falsifiziert und gleichzeitig herausbekommen, woran die Störung wirklich liegt. Das hört sich trivial an. Doch erinnern wir uns daran, dass unsichere Präsentatoren eben nicht ihren Eindruck überprüfen und damit die Situation noch eskalieren lassen!

Sandra ist über die Unruhe im Saal empört: »Ich weiß, dass Sie die quantitativen Zusammenhänge nicht interessieren, aber die sind wichtig!« Das ist ein Eigentor. Denn tatsächlich interessieren sich ihre Zuhörer ausnahmsweise brennend für Sandras Tabellen – ihnen ist lediglich der ganz unten in der Tabelle auftauchende Korrelationskoeffizient unbekannt, weshalb sie tuscheln und rascheln. Mit ihrer übereilten, nicht prozessgerechten Torpedo-Abwehr hat Sandra sich einen Bärendienst erwiesen. Sie hat die Beziehungsebene gestört, weshalb ihre Zuhörer nun nur noch mit halbem Ohr den Inhalten folgen.

Dabei könnte es Sandra so einfach haben: Einfach die Prozessfrage stellen – und danach selbstverständlich darauf eingehen, zum Beispiel: »Oh, dieser Koeffizient ist Ihnen nicht geläufig? Mit welchem arbeiten Sie denn sonst? Ah? Danke für den Hinweis. Ich rechne das kurz um, damit wir Ihren vertrauten Koeffizienten benutzen.« Das Publikum ist beeindruckt: Nicht nur, dass Sandra einen Koeffizienten in einen anderen umrechnen kann, also ungeheuer kompetent sein muss, sie geht auch spontan auf die Wünsche ihrer Zuhörer ein – das kommt an.

Mit gekonnt gemeisterten Störungen profilieren Sie sich weitaus stärker als mit tollen Inhalten und schönen Visualisierungen.

Mit zwei Augen sehen Sie besser: Inhalt und Prozess

Warum werden so viele Präsentatoren von Störungen überrascht? Weil sie viel zu sehr auf ihre Inhalte fixiert sind. Sie konzentrieren sich auf den Inhalt und verlieren dabei den Verständigungsprozess aus den Augen.

Achten Sie immer gleichzeitig auf beides: Inhalt und Prozess.

Achten Sie getrennt und bewusst auf beides. Natürlich gilt: Je besser Sie den Inhalt vor der Präsentation vorbereiten, desto stärker können Sie sich während der Präsentation auf den Prozess konzentrieren. Viele Präsentatoren schaffen diese Voraussetzung nicht. Sie haben bei der Präsentation oft große Probleme, mit dem Inhalt zurechtzukommen, sodass sie den Prozess völlig aus den Augen verlieren. Die Präsentation verkommt zum Monolog.

Eine Präsentation ist kein Monolog! Je eher sie ein Dialog ist, desto erfolgreicher ist sie!

Leider ist diese Unterscheidung den meisten Präsentierenden nicht geläufig. Sie halten eine Vorlesung statt einer Präsentation. Sie dozieren, anstatt zu präsentieren. Hier erkennen wir ein Geheimnis aller erfolgreichen Präsentatoren:

Torpedo-Tipp 12:

Ein Profi freut sich über jede Störung, weil sie ein perfekter Anlass ist, mit den Zuhörern in den Dialog zu treten – die Erfolgsgarantie für Präsentationen schlechthin!

Die Prozess-Checkliste

Behalten Sie während der Präsentation und schon bei der Vorbereitung immer den Verständigungsprozess im Auge. Fragen Sie sich bei jedem neuen Punkt Ihrer Argumentation:

➤ Wie kommen die Zuhörer mit?

➤ Treffe ich ihre Interessen und Erwartungen?

➤ Welche Reaktionen zeigen sie? Sind sie geistig noch dabei oder verliere ich sie gerade?

➤ Wo sehe ich Reaktionen, die gleich zu einer Störung werden können, wenn ich nicht sofort darauf eingehe?

Das ist nämlich das Schöne an einer funktionierenden Torpedo-Abwehr: Wenn Sie ein waches Auge für den Prozess haben, können Sie Torpedos erkennen, noch bevor sie abgefeuert werden! Man sagt, keiner könne in die Zukunft schauen – ein guter Präsentator kann das nicht nur. Er kann sogar die Zukunft gestalten!

> Der Inhalt ist notwendig für Ihre Präsentation – doch der Prozess ist erfolgsentscheidend!

Der beste Inhalt und die tollste Visualisierung nützen Ihnen wenig, wenn Sie die Teilnehmer verlieren (Prozess!). Viele Präsentierende glauben das Gegenteil. Sie glauben, dass viele bunte Bildchen die Zuhörer begeistern. Das mag sein, doch wenn Zuhörer einen Zusammenhang nicht verstehen oder dessen Konsequenzen fürchten, nützen auch bunte Bildchen nichts! Dann müssen Sie in den Verständigungsprozess eintauchen und die latenten Einwände behandeln!

> Bunte Bildchen schützen nicht vor Störungen. Die Torpedo-Abwehr schützt vor Störungen.

Rascheln

Zu den häufigsten kleinen Störungen gehört gelegentliches oder andauerndes, lautes oder leises Rascheln einiger oder vieler Teilnehmer. Schwache Präsentatoren lassen sich hierbei oft zu Überreaktionen hinreißen wie:

»Nun halten Sie doch mal still.«

»Lassen Sie doch bitte das Rascheln sein.«

»Was soll denn dieses andauernde Rascheln?«

»Die Unterlagen sind für die spätere Lektüre, die sollen Sie nicht jetzt schon lesen!« (Typischer Professorenspruch.) Üben Sie, sich nicht aus der Ruhe bringen zu lassen.

Weshalb die Überreaktion? Aus reiner Eifersucht. Unsichere Präsentierende sind eifersüchtig darauf, dass die Teilnehmer tote Unterlagen spannender finden als einen lebenden Präsentator – anstatt so spannend zu präsentieren, dass das Publikum nicht wagen würde, die Augen von den Lippen des Präsentators zu wenden! Auch hier gilt:

> **Torpedo-Tipp 13:**
> Bekämpfen Sie nicht die Störung, sondern die Ursache der Störung.

Das ist nicht immer möglich. Wenn ein Teilnehmer schnarcht, weil er nicht ausgeschlafen ist, können Sie ihm die fehlende Nachtruhe nicht verschaffen. Doch diese Ausnahme bestätigt die Regel: In der Regel können Sie während Ihrer Präsentation 90 Prozent der Störungsursachen eigenverantwortlich eliminieren oder reduzieren.

Was also tun, wenn's im Raum raschelt? Sich an Torpedo-Tipp 8 erinnern, die Störung einfach ignorieren und so spannend präsentieren, dass sich bis auf die ein, zwei üblichen Ausnahmen keiner mehr um das tote Papier kümmern möchte.

> Wenn Rascheln die akustische Verständigung nicht wirklich stört, ignorieren Sie es und präsentieren Sie spannend.

Wenn Sie dagegen an der Körpersprache einiger Teilnehmer erkennen können, dass sie Probleme haben, Sie durch die Raschellärmkulisse noch zu verstehen, intervenieren Sie. Wie? Indem Sie sich an Torpedo-Tipp 7 erinnern und auf keinen Fall den Oberlehrer raushängen: »Nun hören Sie mal mit dem Rascheln auf!« Das wirkt zwar manchmal, doch danach haben Sie Ihr Image als Kasernenhofjunker weg. Machen Sie es sanft, indem Sie an die Fairness der Zuhörer appellieren: »Wenn Sie etwas leiser mit Ihren Unterlagen umgehen, muss ich meine Stimme nicht so anstrengen.« Wenn Sie dazu freundlich lächeln und den Appell bei Gelegenheit noch einmal wiederholen (Menschen lernen langsam), wird Ihnen kein Publikum die Bitte abschlagen können.

Dumme Fragen meistern

Vor dummen Zwischenfragen haben Präsentierende regelmäßig Angst. Warum? Weil dumme Fragen einen auf die Palme treiben. Dumme Fragen heißen deshalb so, weil man sich als Präsentator dabei spontan fragt: »Wie kann man nur so etwas Dummes fragen?« Das heißt, es wird etwas gefragt, was Sie als Präsentator

➤ bereits erklärt haben,

➤ als bekannt oder verstanden voraussetzen,

➤ nicht verstehen oder akzeptieren können.

Torpedo-Tipp 14:

Je dümmer die Zwischenfrage, desto freundlicher, sachlicher und klarer beantworten Sie sie.

Freundlich bedeutet: Üben Sie, sich nicht ansehen zu lassen, was Sie denken! Zeigen Sie Ihre Ungeduld auch nicht nonverbal oder durch die Blume. Das wirkt billig, schulmeisterlich. Und Schulmeister findet keiner wirklich sympathisch oder vertrauenserweckend. Bleiben Sie bewusst und betont sachlich. Und halten Sie sich an die 3 K: knapp, knackig und klar beantworten.

10 Rezepte gegen »dumme« Fragen

1. Dumme Fragen niemals abblocken (»Was soll diese Frage?«). Das Risiko dabei ist, dass sich die Zuhörer mit dem Frager solidarisieren.

2. Dumme Fragen immer spiegeln, weil das Dumme an der Frage oft ein bloßes Missverständnis ist, das sich schon durch Spiegeln klären lässt: »Verstehe ich Sie richtig, Sie möchten wissen, ...?«

3. Wenn eine Zwischenfrage Ihr Konzept durcheinanderbringt, verweisen Sie diese an den Platz, wo sie besser passt: »Gute Frage, ich möchte sie unter Punkt 5 beantworten.« Oder auch: »Ich möchte diese Frage gern in der Diskussion nach meiner Präsentation beantworten.«

4. Verweisen Sie die Frage in einen anderen Zusammenhang: »Eine interessante Frage, auf die ich leider nicht näher eingehen kann, weil ich mich auf den Schwerpunkt ... konzentriere.«

5. Wenn Sie auf eine Zwischenfrage keine Antwort parat haben, geben Sie diese einfach an die Zuhörer zurück: »Interessante Frage, wer hat dazu schon Er-

fahrungen gemacht?« Die Anregungen, die daraufhin kommen, werden Sie
weiterbringen.

6. Sie können die Frage auch an den Fragenden zurückgeben: »Eine interessante
    Frage. Zu welcher Antwort tendieren Sie?« 90 Prozent der Menschen, die ei-
    ne Frage stellen, haben zumindest Hinweise auf eine mögliche Antwort.

7. Kommt von Zuhörern und dem Fragenden keine brauchbare Anregung, ver-
    schieben Sie die Frage auf später: »Diese Frage möchte ich am Ende meiner
    Präsentation/nach der Pause beantworten.« Damit haben Sie Zeit gewon-
    nen, sich eine Antwort zu überlegen.

8. Bleibt die Frage unbeantwortbar, lavieren Sie nicht herum – das wirkt schwach.
    Seien Sie offen: »Aus dem Stegreif habe ich leider auch keine Antwort parat.
    Ich schaue mir die Sache nach der Präsentation nochmals genau an und werde
    Sie dann informieren.« Das müssen Sie danach aber auch tun!

9. Sie können die Frage auch aus der Präsentation heraus nehmen: »Das ist ei-
    ne sehr spezifische Frage, die etwas den Rahmen der Präsentation sprengt.
    Ich schlage vor, dass wir uns in der Pause/nach der Präsentation kurz darüber
    unterhalten.« Dann können Sie unter vier Augen zugeben, dass Sie mit einer
    Antwort nicht dienen können.

10. Geben Sie möglichst niemals vor Publikum zu, dass Sie die Antwort nicht wis-
    sen. Das nutzt jedes Publikum aus.

Fragen, auf die Sie keine Antwort wissen

Fragen, auf die man fürchtet, keine Antwort zu haben, machen die meisten Präsentatoren vor einer Präsentation nervös bis panisch. Die meisten sehen sich vor
dem geistigen Auge rot anlaufen, nach Atem ringen und Zusammenhangloses
stottern. Das ist unnötig, wenn Sie

1. die Frage erst einmal zurückspiegeln (s. o., Rezeptliste),

2. sie ans Publikum zurückgeben (s. o.),

3. sie an den Frager zurückgeben (s. o.),

4. sich mit einer Standardformulierung aus der Affäre ziehen, falls die ersten drei
    Schritte keine Antwort ergaben.

Zu jeder Standardformulierung gehört zunächst einmal die nonverbale Komponente: Je unbeantwortbarer die Frage, desto freundlicher und entspannter lächeln Sie! Wer lächelnd keine Antwort weiß, wirkt souverän, weil er suggeriert, dass auch ein so feiner Experte wie der Präsentator auf diese Frage keine Antwort aus dem Stegreif bringen muss. Wer dagegen wie ein ertappter Schuljunge dreinschaut, erweckt den Eindruck, dass er etwas nicht weiß, was er eigentlich wissen müsste. Diesen Eindruck zu erwecken, ist Selbstsabotage.

Nachdem Sie Ihr souveränes Lächeln aufgesetzt haben, spenden Sie dem Frager Anerkennung:

»Eine sehr interessante Frage.«

»Ihre Frage beweist Detailkenntnis der Materie.«

»Sie schneiden da eine sehr anspruchsvolle Fragestellung an.«

Dank dieser Anerkennung ist der Frager schon so milde gestimmt, dass er Ihre Absage eher akzeptiert. Begründen Sie diese Absage jedoch niemals direkt oder indirekt mit einem Argument, das auf »Ich weiß es einfach nicht« hinausläuft. Begründen Sie immer mit Faktoren außerhalb Ihrer Verantwortung:

»Es tut mir leid, dass ich Ihre Frage hier und heute nicht beantworten kann – dafür habe ich im Moment zu wenige harte Daten, um eine zuverlässige Aussage machen zu können.«

»Es entzieht sich leider meiner Kenntnis, ob ...«

»Ich würde die Frage gerne beantworten, doch aus meiner Sicht würden wir uns dabei zu weit vom eigentlichen Thema der Präsentation weg bewegen.« Dann weiter im Text.

Umgang mit Zwischenrufen und Unterbrechungen

Jeder kennt solche dazwischengeworfenen Kommentare, bei denen man als Präsentator manchmal richtig zusammenzuckt, weil sie einen Nerv getroffen haben oder einen einfach nur aus dem Konzept bringen. Auch dagegen lässt sich etwas tun.

1. Kommentare können Sie beim ersten Mal ignorieren, vor allem, wenn sie Ihre Argumentation nicht beschädigen. Da will sich bloß einer per Zwischenruf profilieren. Lassen Sie ihn.

2. Sie können den Kommentar auch (Reframing!) als willkommene Ergänzung aufnehmen: »Das ist eine gute Anregung, danke!« »Ja, klar, darauf sollte man natürlich achten!« Der Kommentator wird Ihnen dankbar sein.

3. Wenn Sie einen Kommentar nicht verstehen – was häufig passiert, da viele Kommentatoren nicht sehr artikuliert sind – ihn aber für wichtig halten, fragen Sie nach. Aber mit den 3 K: kurz, knackig, klar. »Können Sie das in einem Satz auf den Punkt bringen?« Achtung: Dieses Vorgehen ist nicht ungefährlich und kann zur Eskalation führen.

4. Wenn Sie auf einen Kommentar eingehen, bekämpfen Sie ihn nicht, zum Beispiel: »Also so würde ich das nicht sehen.« Quittieren Sie Kommentare auf der Beziehungsebene, das heißt, gehen Sie auf die Emotion dahinter ein: »Ja, das kann schon sehr ärgerlich sein.« »Stimmt, das ist ein verrückter Aspekt an der Sache!«

Dumme Kommentare kontern: Das Gummiband-Prinzip

Es gibt Kommentare und es gibt ausgesprochen dumme Kommentare, also Einwürfe

➤ die lediglich wiederholen, was Sie bereits gesagt haben,

➤ schlicht daneben sind,

➤ an den Haaren herbeigezogen sind.

Fällt so eine Bemerkung, treffen Sie am besten eine Fallunterscheidung: Harmlose Kommentare können Sie beim ersten Mal (s. o.) durchaus gezielt ignorieren. Wenn Sie jedoch – nicht aus Überempfindlichkeit, sondern weil Sie das an Mimik und Gestik beobachten können – den Eindruck haben, dass nicht nur Sie, sondern auch Ihre Zuhörer irritiert sind, sollten Sie etwas unternehmen.

Torpedo-Tipp 15:

Dumme Kommentare niemals abschmettern, sondern mit Gummiband relativieren.

Hier einige Beispiele aus der Praxis, wie man es nicht machen sollte:

»Nun bleiben Sie doch sachlich!«

»Das ist an den Haaren herbeigezogen.«

»Ich habe keine Ahnung, wovon Sie sprechen.«

»Das ist unbegründet. So etwas kommt einfach nicht vor.«

Solche Bemerkungen rutschen einem spontan raus, eben weil der Kommentar so dumm ist. Doch mit dieser harten Gangart provoziert man den Kommentator zur Gegenwehr und Eskalation und möglicherweise die Gruppe zur Solidarisierung: Man verliert die Kontrolle über die Präsentation! Verfallen Sie auch nicht ins andere Extrem:

Versuchen Sie nicht, einen dummen Kommentar zu verstehen.

Fragen Sie also nicht nach:

»Wie kommen Sie denn darauf?«

»Was meinen Sie damit?«

»Warum sagen Sie das?«

Viele Präsentatoren meinen, es besonders gut zu machen, wenn sie auf den dummen Kommentar eingehen und herauszufinden versuchen, was dahinter steckt. Doch das ist nicht Ihre Aufgabe! Das geht von Ihrer Zeit ab! Vor allem: Das Publikum wird ungeduldig, wenn Sie hinter einem dummen Kommentar herlaufen! Erinnern Sie sich an Torpedo-Tipp 4: Störungen so kurz wie möglich behandeln. 3K: knapp, knackig, klar. So schnell wie möglich weiter im Text!

Am schnellsten werden Sie mit der Gummiband-Methode mit dummen Kommentaren fertig: Kommentar annehmen – weich abfedern – elegant zurückspielen. In einem Wort: relativieren. Zum Beispiel so:

»Die Kosten fressen uns doch auf!«

»Die Kosten sind tatsächlich ein entscheidender Faktor (annehmen). Deshalb haben wir ausreichend Reserven in den Budgetansatz eingebaut (relativieren). Aber danke für den Hinweis (zurückspielen).«

Voraussetzung für die Gummiband-Methode ist ein Mindestmaß an Schlagfertigkeit. Mit Schlagfertigkeit wird man/frau nicht geboren. Erlernen lässt sich das in Coachings und Seminaren.

Was Sie gegen Lochfrager tun können

Lochfrager sind Zuhörer, die zu fast jedem Punkt eine Frage haben und dabei auch noch dreimal nachfragen. Sie fragen einem das sprichwörtliche Loch in den Bauch. Sobald der Lochfrager die Hand hebt, sinkt dem Präsentator das Herz in die Hose: »Nicht der schon wieder!« Einen Lochfrager kann man nicht ignorieren, weil er so oft und penetrant fragt. Man kann ihn auch nicht einfach zurechtweisen: »Nun lassen Sie uns mal vorankommen!«

Was Sie gegen Lochfrager tun können, wissen Sie bereits: Freundlich jede Frage quittieren, Antwort möglichst in einem Satz geben, danach so schnell wie möglich zurück zum Thema.

Wenn trotz kurzer Antworten der Lochfrager ein Zeitproblem verursacht, appellieren Sie an seine Fairness: »Ich sehe, dass Sie großes Interesse und viele Fragen haben. Gerne würde ich jede Ihrer Fragen beantworten, doch wir haben inzwischen ein Zeitproblem. Ich möchte Sie daher bitten, aus Gründen der Fairness, Ihre Fragen in die anschließende Diskussion einzubringen/in einem gesonderten Gesprächstermin zu klären.«

Der »Agabu« ist kein seltener Vogel

Manchmal sitzt ein Besserwisser im Publikum, der ständig oberlehrerhafte Kommentare abgibt. Das kann einen zur Raserei treiben! Ein typischer Besserwisser ist der Agabu: »Das ist ja interessant, was Sie da sagen. Aber das ist alles ganz anders bei uns!« Am liebsten würde man so einen aus dem Saal werfen. Aber das geht leider nicht.

Deshalb: Ignorieren Sie die besserwisserischen Kommentare einfach, sofern und solange das geht. Meist nervt der Besserwisser das Publikum damit ebenso wie Sie und lässt es bleiben, wenn er merkt, dass er allen auf die Nerven fällt. Vor allem, wenn andere Zuhörer Zwischenrufe in seine Richtung unternehmen: »Nun halten Sie uns doch nicht vom Thema ab!« Das ist immer wieder schön mitzuerleben: Der Störer wird von den eigenen Leuten gestört!

Besonders wirksam ist auch die Mischsignal-Technik: Während Sie ablehnende Dinge sagen wie »Ach was?« »Wirklich?« lächeln Sie freundlich. Das verbale Signal wirkt ablehnend, das nonverbale aufmunternd – dieser offensichtliche Signalwiderspruch löst beim Störer eine kognitive Dissonanz aus, eine Verunsicherung, die ihn zum Schweigen bringt, sofern Sie das zwei-, dreimal wiederholen.

Widersprüchliche Signale von Sprache und Körpersprache verunsichern.

Der Schwadronierer

Der Schwadronierer hält Co-Referate. Seine Zwischenrufe sind keine Zwischenrufe, sondern kleine Vorträge. Das ist ärgerlich, weil es unverschämt oder zumindest respektlos ist. Außerdem stiehlt der Schwadronierer Ihnen Zeit und wirft Sie aus dem Konzept. Daher:

1. Verkneifen Sie sich Zurechtweisungen wie: »Wer präsentiert denn hier nun – Sie oder ich?« Das wirkt oberlehrerhaft.

2. Geben Sie dem Schwadronierer einmal Gelegenheit, sich auszutoben. Vielen reicht das, um sich vor der Gruppe zu profilieren.

3. Reicht es ihm nicht, bremsen Sie ihn sanft aus, zum Beispiel mit: »Das ist eine interessante Anmerkung. Was genau ist nun Ihre Frage?« Meist hat er keine – weiter im Text. Hat er eine: Mit 3K beantworten, dann weiter im Text.

4. Auch eine Möglichkeit: »Ein interessanter Gedanke. Können Sie ihn in einem Satz zusammenfassen?« Tut er es, bedanken Sie sich – weiter im Text.

5. Noch eine Variante: »Das hört sich interessant an, wobei es unseren Rahmen etwas sprengt. Wen interessiert dieser Aspekt noch vorrangig?« Meist kei-

nen im Publikum, was dem Schwadronierer peinlich bewusst wird – weiter im Text. Falls es tatsächlich die meisten interessiert, auch gut: Damit zeigen Sie, dass Sie wirklich nur präsentieren, was auch tatsächlich alle interessiert.

Das große Problem der Langeweile

Wenn Sie hin und wieder durch offensichtliche Anzeichen von Langeweile im Publikum gestört werden, möchte ich Ihnen erst einmal gratulieren. Sie sind ein überdurchschnittlicher Präsentator. Viele Präsentierende sind derart auf den Inhalt, ihre Visualisierung und Medien, ihr Skript und ihre Argumentation konzentriert, dass sie überhaupt nicht bemerken, dass das halbe Publikum bereits in Präsentationsschlaf verfallen ist.

Deshalb werden Präsentationen in der Regel als langweilig empfunden: Die meisten Präsentierenden scheint es überhaupt nicht zu stören, dass die Hälfte schläft, zum Fenster raus, an die Decke oder auf die Uhr starrt, gähnt, auf dem Tisch trommelt oder mit dem Kuli schnippt. Der Eindruck trügt: Die meisten Präsentatoren bemerken schlicht nicht, wenn das Publikum wegschläft, weil sie auf andere Dinge achten. Das hat einen Abteilungsleiter eines Anlagenbauunternehmens mal dazu veranlasst, über seinen Chef zu sagen: »Wenn wir alle mitten in der Präsentation aufstehen und rausgehen würden – er würde das nicht bemerken.«

Falls Sie Anzeichen von Langeweile bemerken, wenden Sie Torpedo-Tipp 10 an: Beziehen Sie die Störung auf keinen Fall auf sich! Die meisten Präsentierenden sehen einen Zuhörer gähnen und kriegen einen Schreck: »Ich langweile!« Das ist Unfug. Ein einzelner Gähnender erfüllt noch längst nicht den Tatbestand der Langeweile. Vielleicht hat er vor der Präsentation einfach zu viel gegessen!

Erst wenn sich die Zeichen der Langeweile mehren, sollten Sie einschreiten. Das klingt zwar einleuchtend, stößt aber bei vielen Präsentatoren auf vehementen Widerstand, insbesondere in Nachbesprechungen von Präsentationen: »Wieso hätte ich etwas gegen die Langeweile tun sollen? Ist es etwa meine Schuld, dass das Publikum nicht mitbekommt, wie genial mein Konzept ist?« Ja. Denn:

Als Präsentator sind Sie nicht nur für den Inhalt, sondern auch für den Verständigungsprozess verantwortlich.

Wenn ein Zuhörer etwas nicht kapiert, ist das nicht seine, sondern Ihre Verantwortung. Der Sender einer Botschaft ist dafür verantwortlich, dass sie verstanden wird. Logisch, Sie können schließlich keinen Menschen mit vorgehaltener Pistole zwingen, etwas zu verstehen, was er nicht versteht. Übernehmen Sie diese Verantwortung und fragen Sie mit einer Prozessfrage nach den Gründen der Langeweile. Dabei sollten Sie aus naheliegenden Gründen das Wort »Langeweile« vermeiden:

»Ich habe den Eindruck, dass Ihre Aufmerksamkeit gerade abschweift. Trifft dieser Eindruck zu?«

»Ich habe das Gefühl, dass dieser Punkt Sie nicht wirklich fesselt. Kann das sein?«

Fragen Sie den eigenen Eindruck stets höflich, freundlich, neutral und vor allem absolut vorwurfsfrei ab – denn oft liegt man als Präsentierender mit dem eigenen Eindruck ziemlich daneben. Die Zuhörer sind zum Beispiel nicht gelangweilt, wie es den Eindruck macht, sondern durch einen gemeinsamen faszinierenden Gedanken abgelenkt.

So einfach dieses Nachfragen ist, die meisten Präsentierenden haben damit ein Einstellungsproblem: Sie trauen sich nicht, zu fragen, weil sie glauben, dass Präsentationen Vorträge sind oder der große Präsentator alles wissen muss. Beides ist Unfug. Doch diesen hinderlichen Glaubenssatz müssen man und frau sich erst einmal abgewöhnen.

Fehler bei der Bekämpfung von Langeweile

Wenn auf die Prozessfrage nach der Langeweile das Publikum tatsächlich mehrheitlich nickt und meint: »Na ja, die kaufmännische Seite der Produktlinie interessiert uns nicht so – wir sind schließlich Ingenieure«, reagieren viele Präsentierende falsch.

➤ Sie schieben es aufs Thema: »Die Deckungsbeitragsrechnung ist auch wirklich eine trockene Materie.« Das ist eine Todsünde der Präsentation! Selbst das trockenste Thema kann und muss ein Präsentator so aufbereiten, dass es klar, verständlich und unterhaltsam wird. Wer diese Aufgabe nicht schultert, sollte lieber auf Präsentationen verzichten.

➤ Sie insistieren: »Das müssen Sie aber wissen! Das ist wichtig!« Diese Aussage hilft weder dem Präsentator noch den Zuhörern! Bereiten Sie lieber das Wichtige so auf, dass es spannend ist.

Soforthilfe bei Langeweile

Torpedo-Tipp 16:

Erfragen Sie die konkreten Gründe der Langeweile und stellen Sie sie ab!

Fragen Sie wiederum ohne das Wort »Langeweile« zu benutzen: »Was genau interessiert Sie nicht?« »Was möchten Sie nicht hören oder sehen?« Darauf werden einzelne Zuhörer Dinge einwerfen wie: »Zu viel Charts, zu viele Details, zu wenige Zahlen, Daten, Fakten, Zusammenhänge fehlen, das ist zu kompliziert ...« Dann gehen Sie einfach auf diese Störfaktoren ein und räumen Sie sie aus.

Wenn jemand Sie stört, fragen Sie ihn, was ihn stört.

Denn kein Zuhörer stört grundlos. Wenn Sie den Grund ausräumen, entfällt auch die Störung. Wenn die Zuhörer sich unter Zahlen, Daten, Fakten begraben fühlen, lassen Sie eben einige Tabellen weg und verbalisieren Sie deren Ergebnisse. Hört sich einfach an. Warum wird es so selten gemacht? Warum ist als Folge die überwiegende Zahl der Präsentationen sturzöde?

Wer nicht ankommen will, langweilt

Viele Präsentatoren können nicht über ihren Schatten springen: »Aber diese Tabelle ist unverzichtbar! Die brauche ich in meiner Präsentation!« Auch wenn die Zuhörer einschlafen? Präsentatoren langweilen selten absichtlich. Wenn sie langweilen, dann aus einem anderen Grund: Sie verwechseln die Prioritäten.

Wer langweilt, glaubt, dass der Inhalt wichtiger ist als der Prozess.

Das ist eine gefährliche Annahme, die von Lehrern, Professoren und Diktatoren gleichermaßen geteilt wird. Diese Personen können gut und gerne darauf verzichten, bei ihrem Publikum anzukommen. Die Frage ist, können Sie es? Um es auf den Punkt zu bringen: Wer nicht ankommen will, wer nicht auf den Verständigungsprozess achten will, ist dazu verdammt, zu langweilen und infolgedessen gestört zu werden. Wer dagegen erreichen möchte, dass die Menschen ihm folgen und ihn verstehen, eliminiert die Störquelle Langeweile. Vorausgesetzt, er kann das erreichen, was er möchte.

Wer nicht kann, langweilt

Viele Präsentierende kriegen während der Präsentation mit, dass sie langweilen. Sie möchten diesen Zustand gerne abstellen – aber sie können nicht. Wenn das Publikum sich unter ZDF (Zahlen, Daten, Fakten) begraben fühlt, dann würden sie schon gerne auf ein oder zwei Charts verzichten – doch sie wissen nicht, wie man die Charts verbal umschreibt, ohne sie zu zeigen. Wenn die Zuschauer sich langweilen, weil ihnen der Praxisbezug fehlt – typische Störung: »Was hat denn das mit unserer Arbeit zu tun?« – dann findet der Präsentator aus dem Stegreif kein passendes Anwendungs- oder Praxisbeispiel. Oder schlimmer noch: Er findet ein unpassendes, womit er die Langeweile noch verstärkt und damit die Störungen. Typische Folgestörungen sind zum Beispiel:

»Das habe ich gleich gewusst, dass das nichts mit unserer Arbeit zu tun hat.«

»Das ist bei uns doch ganz anders!«

»Ich verstehe das immer noch nicht.«

Die Gründe? Viele Präsentatoren präsentieren wie aus dem Lehrbuch: Sie haben sich Charts und Text zurechtgelegt und lesen das nun mehr oder weniger ab. Sie können nicht frei und flexibel improvisieren, wenn das Publikum gelangweilt ist, weil sie ihren Stoff nicht beherrschen. Das ist unglaublich? In der Tat. So etwas dürfte eigentlich nicht passieren. Doch es passiert. Regelmäßig.

Cato, der Ältere sagte: »Beherrsche die Sache, dann folgen die Worte.« Wenn Sie ein Thema nicht beherrschen, halten Sie keine Präsentation.

Wenn Sie nicht können, aber müssen

Manchmal kann man auf eine Präsentation nicht verzichten, weil man präsentieren muss; Befehl von oben. In diesem Fall ist es umso wichtiger, das Thema wirklich zu beherrschen. Angenommen, Sie beherrschen das Thema aber nicht so, dass Sie sich wirklich sicher fühlen. Was dann?

Halten Sie eine Art Probepräsentation vor einem Advocatus Diaboli. Wenn aus Zeit- oder anderen Gründen keine Probepräsentation möglich ist, reden Sie einfach mit diesem Advokat des Teufels. Das heißt: Suchen Sie sich einen Kollegen oder Mitarbeiter, einen Freund oder einen Experten aus, dessen Kritteleien Ihnen sonst mächtig auf den Senkel gehen. So sehr Sie sich manchmal über ihn ärgern – jetzt ist er genau der Richtige! Erzählen Sie ihm einfach die Dramaturgie und die Argumentation Ihrer Präsentation.

In seiner bewährten Manier wird er viele »dumme« Fragen und Kommentare abgeben. Beantworten Sie diese zu seiner Zufriedenheit. Jene, die Sie nicht beantworten können, notieren Sie sich und recherchieren Sie – sofern Sie annehmen, dass es realistische Störungen sind. Mit dieser Vorbereitung sind Sie in der echten Präsentation dann kompetent genug, um bei auftretender Langeweile sofort flexibel zu reagieren und den Zuhörern das zu präsentieren, was sie eher von den Sitzen reißt. Oder Sie lassen es gar nicht so weit kommen und bauen die Kritikpunkte des Chefkritikers von vornherein in Ihre Präsentation ein.

Kapitel-Resümee: Kleine Torpedos abwehren

Torpedo-Tipp 6:
Behandeln Sie Störungen stets angemessen: kleine Störung – kleine Reaktion.

Torpedo-Tipp 7:
Begegnen Sie Störungen zunächst auf der untersten Eskalationsstufe: erst ganz sanft.

Torpedo-Tipp 8:

Die erste kleine Störung sollten Sie ignorieren. Bei der zweiten können Sie, bei der dritten müssen Sie eingreifen.

Torpedo-Tipp 9:

Je gefestigter Ihr Selbstbewusstsein, desto leichter gehen Sie mit Störungen um.

Torpedo-Tipp 10:

Sagen Sie sich bei kleinen Störungen konsequent und nachdrücklich: »Nicht ich bin gemeint!« Das gilt bis zum Beweis des Gegenteils.

Torpedo-Tipp 11:

Beziehen Sie Störungen nicht auf sich, sondern auf den Verständigungsprozess.

Torpedo-Tipp 12:

Ein Profi freut sich über jede Störung, weil sie ein perfekter Anlass ist, mit den Zuhörern in den Dialog zu treten – die Erfolgsgarantie für Präsentationen schlechthin!

Torpedo-Tipp 13:

Bekämpfen Sie nicht die Störung, sondern die Ursache der Störung.

Torpedo-Tipp 14:

Je dümmer die Zwischenfrage, desto freundlicher, sachlicher und klarer beantworten Sie sie.

Torpedo-Tipp 15:

Dumme Kommentare niemals abschmettern, sondern mit Gummiband relativieren.

Torpedo-Tipp 16:

Erfragen Sie die konkreten Gründe der Langeweile und stellen Sie sie ab!

3   So wehren Sie große Torpedos ab

Große Torpedos, große Furcht

Im vorangegangenen Kapitel haben wir die Abwehr kleiner Präsentations-Torpedos betrachtet. Kleine Torpedos sind ärgerlich, oft unverständlich, auch kindisch. Sie halten auf, rauben Zeit, bringen einen aus dem Konzept, sind stressig. Doch dieser Stress ist eine Bagatelle, verglichen mit dem Stress beim Einschlag großer Torpedos.

> Der Ex-Vorstandschef der Metallgesellschaft, Dr. Kajo Neukirchen, war dafür bekannt, dass er mitten in Präsentationen aufstand und Dinge sagte wie: »Das ist doch alles Quatsch, was Sie da verzapfen!« Mit seiner Offenheit brachte er gestandene Manager den Tränen nahe.

Fast jeder Präsentator kann von solchen Mega-Angriffen aus Erfahrung oder Anschauung berichten. Was an Vorfällen wie diesen auffällt, ist zwar in erster Linie die große Härte, mit der vor allem Killerphrasen in Präsentationen zum Angriff gebracht werden. Doch beim näheren Hinschauen fällt etwas viel Gravierenderes auf: Wenn ein Killerphrasen-Angreifer erwachsene Männer fast zum Heulen bringt, dann stinkt die Torpedo-Abwehr der Präsentatoren doch gewaltig! Wenn Sie dieses Kapitel gelesen haben, kann Ihnen das nicht mehr passieren. Oder deutlicher: Sie werden's nicht mehr mit sich machen lassen!

Torpedo-Tipp 17:

Große Störungen unterscheiden sich nur in der Größe, nicht vom Prinzip von kleinen. Also keine Bange: Wenn Sie das Gegenmittel kennen, entschärfen Sie große so einfach wie kleine Störungen.

Wenn Sie diesen Tipp im Hinterkopf behalten, werden Sie viel leichter, schneller und vor allem stressarm bis stressfrei mit dem Herzklopfen, der Atemnot und den Schweißausbrüchen fertig, wenn »der große Hammer« kommt. Große Torpedos sind zwar emotional viel belastender als kleine, doch wenn Sie sich auf die gleichbleibenden Prinzipien der Torpedo-Abwehr konzentrieren, kann Ihnen nichts passieren.

Nebengespräche

Mitten in Ihrer Präsentation machen zwei oder mehr Teilnehmer plötzlich eine eigene Veranstaltung auf! Sie stecken die Köpfe zusammen, tuscheln und tratschen, kichern mit verstohlenen Blicken auf Sie, schieben Zettel hin und her – und das schon seit Minuten. Reaktion fast aller Präsentatoren: »Welche Unverschämtheit!« Oder auch: »Was habe ich gesagt? Machen die sich über mich lustig?«

Je länger und heftiger Nebengespräche geführt werden, desto eher und heftiger bringen sie selbst erfahrene Präsentatoren aus dem Konzept, verunsichern, beeinträchtigen die Performance, machen anfällig für Fehler und Versprecher. Deshalb regen sich die meisten Präsentierenden auch so über Nebengespräche auf.

Inzwischen sind Sie klüger. Sie wenden Torpedo-Tipp 2 und das Nichtangriffs-Postulat an (s. Kapitel 1) und sagen sich: »Ich bin kein Apportierhund, der nach jedem Stöckchen springt. Solche Nickligkeiten ignoriere ich einfach.«

> Jeder Teilnehmer hat das Recht, auch mal etwas zum Nebenmann zu sagen.

Spielen Sie bloß nicht den Oberlehrer! Das kommt nicht an. Werfen Sie also den Störern keine strafenden Blicke zu. Das bringt nichts und lenkt Sie nur ab. Gewiss, es ist nicht ganz leicht, gegen eine Tuschelkulisse anzupräsentieren. Doch wer hat behauptet, dass Präsentieren leicht ist? Ein guter Präsentator muss das abkönnen.

> Schauen Sie scharf hin: Stören die Störer nur Sie oder auch andere Teilnehmer?

Falls Sie an der Körpersprache anderer Teilnehmer ablesen können, dass auch diese sich gestört fühlen, müssen Sie intervenieren, da sonst das Ziel Ihrer Präsentation gefährdet ist. Aber rufen Sie die Störer nicht gleich zur Ordnung! Das wäre überzogen. Denken Sie an Torpedo-Tipp 7 (s. Kapitel 2): Begegnen Sie Störungen immer zunächst auf der untersten Eskalationsstufe:

> Reden Sie ganz normal weiter, schauen Sie die Störer nicht an, aber bewegen Sie sich zum Sitzplatz der Störer.

Körperliche Präsenz lässt Störer meist verstummen. Sie fühlen sich ertappt. Reicht das nicht aus, wenden Sie nun den Blick auf die Störer, während Sie ganz normal weiterreden und – präsentieren. Sie erkennen an diesen beiden Entstörmaßnahmen bereits den Eskalationsgedanken der Intervention.

Checkliste: Eskalation bei Nebengesprächen

❑ Schauen Sie nicht hin, aber bewegen Sie sich in die Nähe der Störer und reden Sie dabei einfach weiter. Dieses Vorgehen funktioniert allerdings nur bei kleinen Gruppen.

❑ Reicht das nicht aus, schauen Sie die Störer an, während Sie weiter präsentieren.

❑ Reicht das nicht aus, greifen Sie verbal ein. Aber bitte nicht wie ein Oberlehrer mahnend oder mit Vorwurf in der Stimme: »Nun stellen Sie doch bitte Ihre Nebengespräche ein!« Wie unsouverän!

❑ Bleiben Sie freundlich aber bestimmt und nehmen Sie das Beste für die Störer an (Nichtangriffs-Postulat!): »Kann ich Ihnen bei der Klärung einer Frage behilflich sein?«

❑ Entweder die Störer winken ab und verstummen oder Sie können tatsächlich eine Frage klären. In beiden Fällen ist Ihre Entstörung erfolgreich.

❑ Falls die Störer schwer von Begriff sind, werden Sie explizit. Aber nörgeln Sie nicht, sondern appellieren Sie an die Fairness: »Darf ich Sie im Interesse Ihrer Kollegen (die sich gestört fühlen) bitten, Ihr Gespräch auf die Pause zu verlegen?«

❑ Vermeiden Sie jede Form von Ironie: »Es ist sicher interessant, was Sie da zu bereden haben, aber können Sie das jetzt unterlassen?« Das wirkt kleinmütig, engstirnig, zickig und unsouverän.

> **Torpedo-Tipp 18:**
> Störungen niemals zynisch behandeln! Das hilft zwar oft, wirkt aber oberlehrerhaft, zickig und unsouverän.

Störende Spätankömmlinge

Bei Business-Präsentationen sind Teilnehmer, die fünf, zehn, ja fünfzehn Minuten zu spät kommen, keine Seltenheit. Je wichtiger ein Teilnehmer, desto größer die Verspätung. Bei seinem Rang kann er sich's ja leisten. Die erste Fehlreaktion unerfahrener Präsentatoren: Sie lassen sich aus dem Konzept bringen, verstummen und folgen dem Spätankömmling mit ihrem Blick – damit wird das Zuspätkommen erst zur Störung! Denn die anderen Teilnehmer übersehen den Unpünktlichen so lange, wie Sie ungerührt weiterpräsentieren. Tun Sie's einfach. Natürlich werden Sie davon irritiert, dass plötzlich die Tür aufgeht und ein Nachzügler auftaucht. Doch das nehmen Sie mit einem Blick wahr, wenn Sie gut sind, nicken Sie ihm sogar freundlich zu – und machen weiter im Text! Genau das ist Ihre Aufgabe. Die beste Reaktion ist gar keine Reaktion.

Leider halten sich unerfahrene Präsentatoren nicht an diese simple Vorgehensweise. Sie können es sich nicht verkneifen, Sätze abzulassen wie: »Ah, der Kollege Müller. Schön, dass Sie es auch noch geschafft haben.« Das wirkt billig, kleinlich und unsouverän. Denken Sie an Torpedo-Tipp 18: Nur wer es nötig hat, wird zynisch.

Wenn Sie dagegen beobachten, dass durch den Zuspätkommenden (weil es ein hohes Tier oder ein sonst wie interessanter Mensch ist), viele Teilnehmer abgelenkt werden, gehen Sie auf diese Unterbrechung ein. Sie können nicht einfach ungerührt weitermachen, wenn die Teilnehmer die Präsentation unterbrechen. Gewinnen Sie wieder die Kontrolle über die Situation, indem Sie freundlich kommentieren und sagen: »Guten Morgen Frau Doktor Schmidt. Bitte nehmen Sie doch Platz.« Oder humorvoll: »Sie finden ja Ihren Platz.«

Falls genau das nicht der Fall ist und der Spätankömmling mittendrin stehen bleibt und nach einem Platz späht, helfen Sie ihm: »In der Mitte links ist noch ein Platz frei. Wir sind übrigens gerade bei ... «. Damit geben Sie dem Unpünktlichen eine kleine Starthilfe und finden ohne Verzögerung sofort wieder zur Präsentation zurück.

Es ist aber nicht Ihre Pflicht, den Unpünktlichen up to date zu bringen.

Sie können, wenn Sie wollen, in einem einzigen Satz darauf hinweisen, bei welchem Punkt Sie sind – mehr nicht! Wenn Sie den versäumten Beginn der Präsentation wiederholen, bestrafen Sie damit alle, die pünktlich waren, und verlieren vor allem zu viel Zeit. Das ist nicht drin!

Wenn der Unpünktliche eine Show abzieht, sich geräuschvoll niederlässt und sofort ein Nebengespräch beginnt, durch das die Teilnehmer im Umfeld gestört werden, gehen Sie nach den Tipps im Abschnitt »Nebengespräche« vor.

Undefinierbare Unruhe

Plötzlich steigt der Lärmpegel im Publikum deutlich an. Natürlich fühlt man sich da selbst als erfahrener Präsentator jedes Mal wieder gestresst und fragt sich: »Was ist jetzt wieder los?« Fragen Sie das nicht sich, sondern die, die es angeht.

Störungen sind mit Vorrang zu behandeln.

Stellen Sie die Prozessfrage (s. Kapitel 2), aber wie immer in der vorsichtigen Form: »Ich habe den Eindruck (der Eindruck könnte ja täuschen!), dass es momentan etwas unruhig wird. Woran liegt es denn?« Dann gehen Sie auf die Meldungen ein. Oft brauchen die Teilnehmer einfach nur eine kleine Pause. Viele Präsentatoren stellen die Prozessfrage nicht, weil sie Angst haben, sie wüssten nicht, wie sie mit dem Störungsgrund umgehen sollen. Diese Angst sollten Sie überwinden, indem Sie sich sagen: »Egal, was es ist, ich bin der Präsentator. Gemeinsam wird uns schon etwas Sinnvolles einfallen.«

Falls Sie wirklich nicht weiter wissen, denken Sie einfach an die Tipps (in Kapitel 2) zu Publikumsfragen, auf die Sie keine Antwort wissen: einfach ans Publikum zurückgeben. Da sitzen lauter erwachsene, vernünftige Leute. Wer ein Problem hat, hat immer auch eine Vorstellung zu dessen Lösung.

Das Katastrophen-Publikum

Manchmal erwischt man ein unmögliches Publikum: Die Leute sind total unkonzentriert, laut, es laufen besonders viele Nebengespräche, es gibt aggressive Zwischenrufe, die Leute sind körpersprachlich zappelig oder angespannt ... Zwei oft zu beobachtende Fehler in dieser Situation:

➤ einfach weitermachen – davon endet die Störung nicht!

➤ die Störung auf sich beziehen: »Ich langweile!«

Beides führt zu nichts. Die Prozessfrage bringt Sie weiter: »Ich habe den Eindruck, dass unser Thema im Augenblick zweitrangig ist. Welches Thema hat den gerade Vorrang?« Meist ein total anderes: Der Vorstand hat zum Beispiel am Tag zuvor Entlassungen bekannt gegeben, es gibt akuten Krach in der Abteilung oder ein Projekt steht kurz vor dem Absturz.

Es nützt nichts, wenn Sie in dieser Situation Business as usual machen und Ihr Thema abspulen – die Teilnehmer kriegen doch offensichtlich sowieso kaum etwas davon mit! Störungen haben Vorrang. Also:

1. Bringen Sie die Störung auf den Tisch.

2. Drücken Sie Ihr Verständnis aus: »Das Projekt ist akut gefährdet? Das ist sehr schade.«

3. Lassen Sie die Teilnehmer kurz ihrem Herzen Luft machen.

4. Klären Sie dann gemeinsam mit den Teilnehmern: weitermachen – unterbrechen – abbrechen und vertagen? Das ist immer noch besser, als die Präsentation auf Biegen und Brechen durchzuziehen.

Der Zeitungsleser

Wenn einer in Ihrer Präsentation die Zeitung liest oder auf seinem Notebook herumtippt, ist das wirklich eine Unverschämtheit. Wirklich? Selbst wenn es eine ist, sind Sie als guter Präsentator dem Nichtangriffs-Postulat verpflichtet. Ignorieren Sie das Verhalten erst einmal. Vielleicht will er ja nur testen, wie souverän Sie sind. Lassen Sie sich nicht den Schneid abkaufen! Vielleicht sucht er auch nur nach dem Kurs seiner Lieblingsaktie oder nach einer für ihn besonders wichtigen Meldung. Danach ist er dann umso konzentrierter, wenn er fand, was er suchte.

Ignorieren Sie das Verhalten jedoch niemals länger als drei bis fünf Minuten. Danach stört das öffentlich zur Schau getragene Desinteresse nämlich erfahrungsgemäß die Teilnehmer – es sei denn, es ist ein notorischer Störer, den ohnehin alle ignorieren. Lassen Sie dann wie immer die große Verbalkeule stecken und machen Sie es mit Humor: »Sagen Sie uns doch mal, was so viel spannender ist als unser Thema!« Wenn der Zeitungsleser darauf patzig wird, behandeln Sie ihn nach den Empfehlungen zu Killerphrasen (s. u.). Hat er ein echtes Anliegen, gehen Sie flexibel damit um. Appellieren Sie, wie bereits mehrfach empfohlen, an seine Fairness: »Ich habe den Eindruck, dass es die anderen stört, wenn Sie hier etwas ganz anderes tun. Könnten Sie uns den Gefallen tun und die Präsentation verfolgen?«

Hinweis für den extremen Härtefall, der kaum jemals auftreten wird: Wenn der Zeitungsleser total uneinsichtig ist, stellen Sie ihm die Befreiung von der Präsentation in Aussicht: »Wenn Sie nicht interessiert, was wir hier tun, steht es Ihnen frei, die Zeitung auch woanders zu lesen.« Vor dem selbst gewählten Rauswurf schrecken die meisten Störer zurück. Die anderen lassen Sie ziehen. Reisende soll man nicht aufhalten. Doch wie gesagt: Solche Extreme passieren alle hundert Jahre einmal. Was wir an diesem Extremfall jedoch sehr schön als Prinzip jeder guten Torpedo-Abwehr erkennen können:

Torpedo-Tipp 19:
Je größer der Torpedo, desto stärker weigern Sie sich, sich provozieren zu lassen. Wer die Contenance verliert, hat schon verloren – und der Störer hat gewonnen.

Alles liest, keiner passt auf

Die Teilnehmer lesen die ausgeteilten Unterlagen, die Handouts, das Skript, die Tabellen – statt Ihrer Präsentation zu folgen. Inzwischen wissen Sie, was zu tun ist: Erst einmal ignorieren und weitermachen. Wenn die Teilnehmer die Unterlagen einmal durchgeblättert haben, passen sie wieder auf. Wenn sich wenige Teilnehmer nicht davon lösen können, ignorieren Sie auch das. Sie sind nicht für Einzelne, Sie sind für die Mehrheit der Gruppe zuständig. Solange die Schmökerer nicht stören ...

Falls sich jedoch zwei Drittel Ihrer Teilnehmer auch dauerhaft nicht von den Unterlagen lösen können und Sie das Gefühl haben, gegen eine Mauer zu präsentieren, sollten Sie einschreiten, damit Ihre Präsentation nicht zur Lesestunde verkommt: »Ich freue mich, dass meine Unterlagen so großen Anklang finden. Erfahrungsgemäß haben Sie noch mehr davon, wenn Sie mir jetzt zuhören und wir dann gemeinsam zu den einzelnen Seiten der Unterlagen kommen, die meine Präsentation illustrieren. Wir kommen ganz sicher zu jeder Seite, die Sie interessiert.«

Wenn das auch nicht hilft, haben Sie mit hoher Wahrscheinlichkeit einen Anfängerfehler begangen: Sie haben Volltext ausgegeben. So unglaublich das klingt – das passiert selbst Akademikern und Topmanagern! Wer jedes Wort seiner Präsentation als Unterlage ausgibt, braucht überhaupt nicht zur Präsentation anzutreten. Denn damit hat er sie und sich überflüssig gemacht. Volltext ist zwar gut gemeint, doch schon der Volksmund sagt: Der schlimmste Feind von gut ist gut gemeint.

Falls Sie keinen Volltext ausgegeben haben und die Leute trotzdem schmökern, können Sie wie immer an die Fairness appellieren: »Wenn ich das Rascheln der Blätter übertönen möchte, muss ich meine Stimme sehr anstrengen. Ich möchte morgen nicht heißer sein. Könnten Sie mir da entgegen kommen, das Blättern einstellen und meiner Präsentation folgen? Danke.« Es empfiehlt sich, diese Bitte explizit auszusprechen, also mit dem Hinweis auf das Einstellen des Blätterns. Die Erfahrung zeigt nämlich, dass viele Blätternde so im Blättern vertieft sind, dass sie spontan nicht drauf kommen, wie sie denn Ihre Stimme schonen könnten.

Klingelnde Handys

Wenn das Handy klingelt, ist es schon zu spät. Handy-Störungen beugt jeder erfahrene Präsentator bereits im Vorfeld vor. Denn er oder sie weiß: Dass einer ein Handy hat, heißt noch lange nicht, dass er es auch bedienen kann.

Torpedo-Tipp 20:

Vor jeder Präsentation: Handys abschalten lassen!

Beugen Sie Handyklingeln freundlich und mit Humor vor. Ich sage zum Beispiel vor Seminaren und Präsentationen meist: »Bevor wir beginnen, habe ich eine Bitte. Einige von Ihnen haben sicher diese ultramodernen Komfort-Handys, die neuerdings mit Ausschaltknopf geliefert werden. Bitte betätigen Sie diesen Knopf jetzt. Wer eine schwangere Partnerin kurz vor der Niederkunft in der Kreisklinik oder ein krankes Kind zuhause hat, darf sein Handy natürlich angeschaltet lassen. Dann stellen Sie es bitte auf Vibrationsalarm.« Man sollte meinen, dass erwachsene Menschen von alleine auf diese Selbstverständlichkeit kommen. Wie wir alle wissen, tun sie es mehrheitlich nicht.

Selbst nach dieser deutlichen Aufforderung schaffen es einige Teilnehmer noch, ihr Handy lauthals und mit meist nervenden Klingeltönen die Präsentation stören zu lassen – und dann auch noch das Gespräch anzunehmen, sich das andere Ohr zuzuhalten und laut vernehmlich in das Ding zu flüstern. Das ist der Gipfel der Unverschämtheit. Würdigen Sie ihn entsprechend. Unterbrechen Sie Ihren Vortrag, schauen Sie den Störer freundlich aber bestimmt an und warten Sie darauf, wie der geballte Volkszorn sich langsam gegen ihn erhebt. Das reicht schon – und macht viel mehr Spaß als ihn oberlehrerhaft zurechtzuweisen. Machen Sie erst weiter, wenn der Störer sich das Gespräch verkniffen (und das Klingeln ausgeschaltet!) oder den Raum verlassen hat.

Die Grabenkrieger

Manchmal benutzen zwei Zuhörer Ihre Präsentation als Arena, um ihre Privatfehde vor Publikum auszutragen. Zum Beispiel so:

Präsentator: »Für die Kalkulation setze ich die Grenzkosten an.«

Zuhörer A: »Na ja, ob's das bringt?«

Zuhörer B: »Vollkosten-Kalkulierern bringt das natürlich nichts.«

A: »Nun tun Sie doch nicht so, als ob die Grenzkosten das Gelbe vom Ei seien!«

B: »Aber das sind Sie, verehrter Kollege, das sind sie!«

A: » ... « – und so weiter und so fort.

Die Streithähne ignorieren einfach Präsentator und Publikum, um sich verbal zu beharken. Das kann ad infinitum so weitergehen – wenn Sie nicht einschreiten! Den meisten Präsentatoren ist das auch klar; sie wissen lediglich nicht, wie sie sich in dieser pikanten Situation verhalten sollen. Das führt zu zwei untauglichen Reaktionen.

Die erste Fehlreaktion: Quasi mit offenem Mund am Pult stehen und es nicht fassen können, wie unzivilisiert erwachsene Menschen doch sein können. Hinterher erzählt man dann noch einem guten Kollegen: »Du, ich konnte es nicht fassen: Kloppen sich doch die zwei bescheuerten Typen in meiner Präsentation! Ja sind die noch zu retten?!« Nein, doch um den Präsentator ist es auch nicht zum Besten bestellt. Warum hat er nicht Torpedo-Tipp 1 beherzigt und sich auf seine Präsentation auch torpedotechnisch vorbereitet? Mit Streithähnen muss man einfach rechnen. Sie treten zwar selten auf, doch tun sie es, ist ein guter Präsentator vorbereitet.

Die zweite Fehlreaktion: spontanes Zurechtweisen à la »Bitte unterlassen Sie sofort die Nebendiskussion!« Das mag zwar hin und wieder wirken, doch es wirkt auch schulmeisterlich und unsicher. Besser und souveräner wirkt Humor: »Wir alle würden gerne noch Ihre angeregte Diskussion weiter verfolgen. Doch könnten Sie sie bitte in die Pause vertagen, damit wir weitermachen können? Danke!« Und dann sofort weiter im Text, ohne die Reaktion der beiden Streithähne abzuwarten.

Natürlich sollte diese Intervention laut, deutlich und selbstsicher vorgetragen werden. Wer sich unsicher am Pult festklammert und dann mit einer Mäuschenstimme die Streithähne trennen möchte, erreicht meist nicht viel, sollte jedoch auch nicht unbedingt präsentieren. Denn zum Präsentieren braucht man die entsprechende Persönlichkeit. Hat man oder frau sie nicht, wirkt ein Präsentations-Coaching meist wahre Wunder.

Der Rädelsführer

Der Rädelsführer ist überhaupt nicht damit einverstanden, was Sie präsentieren, widerspricht Ihnen offen und versucht darüber hinaus, das Publikum auf seine Seite zu ziehen mit rhetorischen Kniffen wie:

»Aber wir wissen doch alle, dass das nicht so ist!«

»Noch kurz vor der Präsentation haben die Kollegen und ich gesagt, dass das auf keinen Fall eine Lösung ist!«

»Das haben wir in der Abteilung doch alles schon probiert und es hat nichts gebracht!«

»Das können Sie da oben erzählen, aber für uns hier unten sieht die Sache ganz anders aus!«

Bei solchen Gemeinheiten kann einem schon mal die Galle hochkommen. Das ist auch der Grund, weshalb torpedoungeschützte Präsentatoren falsch reagieren:

»Aber so ist das doch gar nicht!«

»Bleiben Sie doch bitte sachlich!«

Rechtfertigungen und Appelle helfen nicht wirklich gegen Rädelsführer. Was hilft? Das liegt auf der Hand: Nehmen Sie den Rädelsführer ernst. Blenden Sie die Stimmungsmache aus, die er gegen Sie betreibt, konzentrieren Sie sich ausschließlich auf sein Sachargument – und fragen Sie nach:

»Wie meinen Sie das?«

»Warum funktioniert das nicht?«

»Welche Vorstellung haben Sie und die Kollegen dazu?«

Warum hilft das? Weil die meisten Rädelsführer nicht wirklich eine Revolte anzetteln, sondern einfach nur wichtig sein wollen. Wenn Sie sie durch konkrete Nachfrage ernst nehmen, geben sie schnell Ruhe.

Eine weitere Möglichkeit der Torpedo-Abwehr ist es, den Bluff aufzudecken: »Die Kollegen und Sie sind dieser Meinung? Das ist interessant. Könnte ich mal bitte Handzeichen von den Kollegen haben, die tatsächlich der Meinung sind, dass wir hier nicht über Lösungen reden müssen, weil ohnehin nichts hilft?« Sie dürfen die Frage ruhig etwas suggestiv stellen. Entweder der Bluff fliegt auf und keine oder nur ein paar Hände heben sich. Dann geben Sie dem Rädelsführer den Gnaden-stoß: »Ich akzeptiere, dass Sie anderer Meinung sind – aber seien Sie dann auch bitte Manns genug, für Ihre Meinung geradezustehen und nicht die Kollegen vor-zuschieben.« Dann sofort weiter im Text.

Oder aber der Bluff fliegt nicht auf, weil sich viele Hände heben. Dann haben Sie Glück gehabt. Bedanken Sie sich beim Rädelsführer und nehmen Sie die vorge-brachte Meinung ernst, bauen Sie sie in Ihre Präsentation ein.

Eine dritte Möglichkeit der Torpedo-Abwehr ist die Meta-Kommunikation, die Kommunikation über die Kommunikation: »Ich akzeptiere Ihr Sachargument. Was ich nicht akzeptiere, ist Ihr Versuch der Lagerbildung und Stimmungsmache. Ich bemühe mich, hier sachlich zu bleiben. Wenn Sie eine Schlammschlacht ver-anstalten wollen, ist das nicht mein Problem.« Dann sofort weiter im Text.

Das feindselige Publikum

Es ist der Albtraum jedes Präsentators, dass er vor einem Publikum steht, das mehrheitlich gegen ihn oder sein Thema auf Konfrontationskurs geht, weil es ihn oder sein Thema rundheraus ablehnt.

Bei dieser Störung muss die erste Frage sein: Wie wahrscheinlich ist sie? Zwar ist die Furcht vor einem Katastrophen-Publikum groß, doch das Risiko, tatsächlich eines zu bekommen, ist viel geringer. Sollte es trotzdem dazu kommen, sind Sie mit einer guten Vorbereitung schon aus dem Schneider. Denn wenn die Oppo-sition gegen Sie oder Ihr Thema so groß ist, wird Ihnen das zweifelsfrei bei den Vorgesprächen zu Ihrer Präsentation auffallen. Die Leute reagieren irgendwie ko-misch, gehemmt oder emotional, drucksen herum oder rücken offen mit ihren Vorbehalten heraus. Dann können Sie diese Vorbehalte zum Thema Ihrer Präsen-tation machen, was der Opposition den Wind aus den Segeln nimmt.

Sollte aus irgendwelchen (dringenden!) Gründen keine gute Vorbereitung mög-lich sein und Sie die Opposition tatsächlich erst auf dem Podium bemerken, dann gibt es nur eine Torpedo-Abwehr: Thematisieren Sie die Störung!

Abgeneigtem Publikum oder desinteressierten Zuhörern werden Sie immer mal wieder begegnen. Sehen Sie diese unangenehme Situation als Herausforderung an. Lernen Sie, solche Stimmungen auszuhalten. Das gehört zum professionel-len Selbstverständnis eines Präsentators. Sagen Sie sich: »The show must go on.«

Checkliste: Wie behandelt man ein feindseliges Publikum?

☐ Schildern Sie Ihren Eindruck: »Ich habe den Eindruck, dass Sie überhaupt nicht mit dem einverstanden sind, was ich sage.«

☐ Lassen Sie sich den Eindruck bestätigen: »Stimmt dieser Eindruck?« Denn es kann auch sein, dass Sie sich täuschen.

☐ Lassen Sie den Eindruck verbalisieren: »Woran liegt es denn, dass Sie nicht gut auf das Thema zu sprechen sind?«

☐ Wenn es inhaltliche Gründe sind, stellen Sie die Existenzfrage: »Macht es überhaupt noch Sinn, unter diesen Voraussetzungen weiterzumachen? Sollen wir die Präsentation abbrechen?« Ein offener, ehrlicher, konsensgetragener Abbruch ist immer noch besser, als dreißig Minuten gegen eine messerwetzende Opposition anzukämpfen.

☐ Falls das Publikum nicht mehrheitlich für Abbruch votiert, machen Sie die Störung zum neuen Thema Ihrer Präsentation: »Bitte lassen Sie uns eine Liste aller Gründe aufstellen, warum Ihnen das Thema nicht passt.« Mit dieser Liste arbeiten und präsentieren Sie danach. So viel Souveränität und Flexibilität braucht ein Präsentator. Haben Sie sie noch nicht, kommt das mit der Erfahrung oder mit Training oder Coaching.

☐ Falls Ihre Person der Anlass der Opposition ist, kriegen Sie das auch irgendwie aus den versteckten Anspielungen des Publikums mit. Dann können Sie aus persönlichen Gründen abbrechen: »Ich merke, dass Sie etwas gegen mich persönlich haben. Ich finde es zwar nicht fair, dass Sie mir keine Chance geben wollen. Doch wenn Sie es an Fairness mangeln lassen, ist das Ihr Problem. Ich lasse Sie nun mit diesem Problem allein.« Starker Abgang.

☐ Sie können jedoch auch an die Fairness des Katastrophen-Publikums appellieren: »Ich merke wohl, dass Sie etwas gegen mich persönlich haben. Wenn Sie mir trotzdem eine Chance geben würden, meine Präsentation zu halten, wäre ich Ihnen dafür dankbar.« Weiter im Text.

☐ Eine weitere Möglichkeit für besonders charakterstarke Präsentatoren liegt auf der Hand: Scheren Sie sich einen feuchten Kehricht um die Opposition und präsentieren Sie nach der Maxime »Augen zu und durch!«

Die Zwangsbeglückten

Die Zwangsbeglückten sind weitaus häufiger anzutreffen als das Katastrophen-Publikum, jedoch nicht minder störend. Zwangsbeglückt nennen die Spezialisten in der Abteilung Personalentwicklung jene Zuhörer, die zum Besuch Ihrer Präsentation von ihrem Chef abkommandiert wurden, eigentlich etwas Besseres zu tun hätten, keine Ahnung von oder kein Interesse an Ihrem Thema haben, es sich aber antun müssen per ordre de mufti. Wer zur Teilnahme zwangsverpflichtet wurde, hängt natürlich unmotiviert und lustlos in den Stühlen oder marodiert offen.

Es ist ein Zeichen von schwacher Führungskompetenz, wenn ein Vorgesetzter seine Mitarbeiter nicht für den Besuch einer simplen Präsentation ausreichend motivieren kann. Doch leider wissen wir alle um die schwache Führungskompetenz vieler Führungskräfte. Führen ist eben kein Ausbildungsberuf. Solange er das nicht ist, müssen Sie als Präsentator die Versäumnisse der Manager eben ausbügeln. Das ist zwar ungerecht, doch mit etwas Vorbereitung locker machbar.

An dieser Störung offenbart sich wieder der Vorteil einer guten Vorbereitung. Ob ein Publikum zwangsdelegiert ist, bekommen Sie sehr schnell in wenigen Vorgesprächen heraus, wenn die Menschen Dinge sagen wie: »Ach ja, die Präsentation am Freitag, zu der wir auch hin müssen.« Müssen? Nachtigall, ich hör dir trapsen!

Checkliste: Zwangsbeglückte beglücken

❑ Wenn Sie bei der Vorbereitung feststellen, dass Sie mehrheitlich vor Zwangsbeglückten reden werden, bereiten Sie die Präsentation so lustig, spannend und aufgelockert vor wie nur irgend möglich. Die Gewichtung ist ganz klar: 60 Prozent Auflockerung und Witz, 40 Prozent Inhalt.

❑ Das Motivationsdefizit bei Zwangsbeglückten ist für einen guten Präsentator meist mit Händen greifbar. In der Regel hat einfach niemand den Zuhörern gesagt, was ihnen persönlich das Thema der Präsentation bringt. Also sagen Sie es ihnen in aller Deutlichkeit, Verständlichkeit und Vollständigkeit. Wenn die Zuhörer wissen, was ihnen das Zuhören bringt, hören sie motiviert zu.

❑ Hilft alles nichts, sprechen Sie das Problem offen an: »Ich merke, wir haben ein Motivationsproblem, das ich nicht lösen kann. Stimmt mein Eindruck?«

❑ Thematisieren Sie die Störung: »Sollen wir die Präsentation abbrechen? Oder möchten Sie in irgendeiner anderen Form über das Thema reden?« Entweder Sie brechen ab oder Sie nehmen die Anregungen der Teilnehmer auf.

❑ Wenn Sie möchten, können Sie auch nach dem Motto »Augen zu und durch!« weitermachen. Manchmal muss man einfach seine 20 Minuten runterreißen und sich von nichts und niemand runterziehen lassen.

Umgang mit enttäuschten Erwartungen

Die Präsentation steht kurz vor dem Ende, da wirft ein Zuhörer ein: »Also ich hatte eigentlich erwartet, dass Sie ...«. Diese Störung dürfte im Grunde genommen nicht vorkommen. Denn es ist Sinn und Zweck jeder Vorbereitung, genau diese Erwartungen abzuklären. Leider bereiten sich die meisten Präsentatoren immer noch rein inhaltlich auf eine Präsentation vor, ohne auch nur einmal die Zuhörer gefragt zu haben, was sie denn zum Thema erwarten und darüber hören möchten. Also: Vermeiden Sie diesen Torpedo von vornherein, indem Sie vorab die Eingeborenen fragen, wie Charles Handy das mal formulierte.

Leider nützt Ihnen diese Einsicht wenig, wenn am Ende der Präsentation genau dieser Torpedo auf Sie zurauscht. Sie merken, dass Ihre Vorbereitung ein Loch hat, aber das nützt nichts mehr. Was nützt? Nehmen Sie die Störung ernst. Bedanken Sie sich bei dem Enttäuschten für die Anregung: »Schön, dass Sie diesen Punkt ansprechen.« Liefern Sie ad hoc das nach, was der Enttäuschte hören möchte. Reagieren Sie keinesfalls beleidigt: »Warum haben Sie das nicht im Vorfeld gesagt?«

Falls Sie seine Frage nicht ad hoc beantworten können, vertagen Sie einfach: »Diesen Punkt kann ich in der Kürze der Zeit nicht behandeln. Ich liefere Ihnen die Argumentation dazu bis morgen nach.«

Sie können auch auf eine neue Veranstaltung verweisen: »Ein interessanter Punkt, der leider den Rahmen dieser Präsentation sprengt. Wenn dafür Interesse besteht, sollten wir eine neue Präsentation oder einen Workshop dafür ansetzen.«

Sie halten das für zu einfach? Dann sollten Sie mal hören, was Präsentatoren in dieser Situation so von sich geben. Immer wieder zu hören ist:

»Dieser Punkt hat doch nichts mit unserem Thema zu tun!«

»Wenn Sie das interessiert, sind Sie hier falsch.«

»Wir wollen doch beim Thema bleiben.«

»Verstehe ich nicht, was hat das mit unserem Thema zu tun?«

Das ist keine Torpedo-Abwehr, das ist Selbstsabotage. Denn danach fühlt man sich als Präsentator immer frustriert und unzufrieden, schiebt es auf den Störer (»blöder Kerl!«), nimmt sich jedoch dieses Ablenkungsmanöver selbst nicht ab. Wer dagegen Enttäuschte souverän und verbindlich behandelt, fühlt sich danach auch souverän. Man fühlt sich meist so, wie man sich verhält.

Killerphrasen

Zu den am meisten gefürchteten Störungen gehören Zwischenrufe wie »Alles Quatsch!«, »So ein Unfug!« oder »Das funktioniert bei uns doch eh' nicht!« Unerfahrene Präsentatoren

➤ lassen sich entweder davon aus dem Konzept bringen,

➤ oder verbieten solche Sprüche: »Unterlassen Sie das doch!«

Beide Optionen bewirken nichts, weil sich Killerphrasendrescher in der Regel weder durch stilles Dulden noch durch Verbote oder Appelle zu einem zivilisierten Verhalten bewegen lassen.

> **Torpedo-Tipp 21:**
> Die erste Killerphrase überhören Sie geflissentlich. Bei der zweiten oder dritten schreiten Sie ein und fragen nach.

Den ersten Killerspruch können Sie ruhig ignorieren. Wenn einer »Da lachen ja die Hühner!« einwirft, müssen Sie sich nicht auf eine Diskussion über lachende Hühner einlassen. Das ist unter Ihrem Niveau. Wenn der Killersprücheklopfer jedoch keine Ruhe geben will, sollten Sie für selbige sorgen. Aber nicht mit der Verbalkeule, sondern immer mit Fragen. Wer fragt, der führt.

Killerphrasen hinterfragen

Sie können Störungen mit Killersprüchen nicht wirksam behandeln, solange Sie nicht wissen, was der Killersprecher wirklich will. Das ist das Kennzeichen von solchen Sprüchen: Sie sind relativ inhaltsleer. Man erkennt zwar, dass sich da einer aufregt oder mokiert, aber nicht worüber, weshalb oder wozu. Also finden Sie es heraus. Aber nicht mit Fragen, die Sie oft in Präsentations-Ratgebern finden:

➤ »Wie meinen Sie das?«

➤ »Wie soll ich das verstehen?«

➤ »Was soll das heißen?«

Auf diese Fragen wiederholt der Störer meist nur seinen Zwischenruf, weil sie viel zu unspezifisch sind. Wenn Sie mit einer Frage etwas spezifizieren möchten, sollte die Frage auch spezifisch sein. Spielen wir einige der häufigsten Killerstörungen durch:

»Das funktioniert bei uns doch nicht!«

»Aus welchem Grund nicht?«

»Weil das schon vor fünf Jahren daneben ging.«

»Danke für den Hinweis. Unter Punkt vier gehe ich auf die Erfahrungen der Vergangenheit ein.«

»Das können Sie doch nicht ernsthaft meinen!«

»Was spricht aus Ihrer Sicht dagegen?«

»Solche Maßnahmen sind doch unsozial!«

»Was konkret daran ist unsozial?«

Meist weiß das der Zwischenrufer auch nicht so genau. Er stottert, blamiert sich, Sie bedanken sich für die Anregung – weiter im Text. Falls ihm doch etwas einfällt:

»Das ist unsozial, weil es den kleinen Mann am Band trifft.«

»Ein guter Hinweis. Ich gehe später auf die Beiträge der einzelnen betrieblichen Gruppen ein.«

»Haben Sie sich mal überlegt, was das alles kostet?«

»Welche Kosten meinen Sie genau?«

»Na, eben die Kosten der Anschaffung.«

»Die liegen bei rund 10 000 Euro. Haben Sie schon mal überlegt, wie viel Geld wir damit einsparen? Sehen Sie, damit sind wir schon beim nächsten Punkt meiner Ausführungen.«

»Das haben wir noch nie so gemacht!«

»Heißt das, dass Sie es gleich gar nicht probieren möchten?«

»Äh, nein, aber es hat doch gute Gründe, warum wir es nie so probiert haben.«

»Können Sie mir einen nennen?«

»Nein, aber das liegt doch auf der Hand.«

»Ich schlage vor, wir reden über diesen Grund, sobald wir seiner habhaft werden können.« Weiter im Text.

»Bei dieser Marktlage lohnt es sich nicht, darüber zu sprechen.«

»Aus welchem Grund nicht?«

»Das kann ja gar nicht funktionieren!«

»Aus welchem Grund nicht?«

»Am grünen Tisch mag sich das gut anhören. In der Praxis taugt das nicht.«

»Aus welchem Grund nicht?«

»Darum geht es doch gar nicht!«

»Worum geht es aus Ihrer Sicht dann?«

Torpedo-Tipp 22:
Killerphrasen immer wortwörtlich nehmen und fragend spezifizieren lassen.

Sie sehen: Dieses Fragespiel zur Spezifizierung von Killerphrasen ist ganz einfach. Schon nach wenigen Versuchen werden Sie die Grundzüge beherrschen und selbst unflätigen Zwischenrufern den Wind aus den Segeln nehmen. Warum das funktioniert? Weil Sie mit dieser Methode mit dem Killerphrasendrescher ins Gespräch kommen. Damit rechnet er nicht. Das nimmt ihm den Wind aus den Segeln. Außerdem kann er sich in diesem Gespräch als Windbeutel blamieren oder Sie können gemeinsam einen tatsächlich wichtigen Aspekt im Dialog herausarbeiten. Ein gutes Gespräch klärt manches; auch Killerphrasen. Killerphrasen lassen sich nur schwer brüsk vom Tisch wissen. Doch wenn Sie darüber reden, verlieren sie schnell die heiße Luft.

Unfaire Rhetorik

Vor dieser Art von Störung fürchten sich Präsentatoren umso mehr, je wichtiger die Präsentation für sie ist. Unfaire Rhetorik ist gefährlich, stressig und schwer zu kontern, eben weil sie so unfair ist. Dabei ist die Abhilfe relativ einfach. Erinnern Sie sich an Torpedo-Tipp 1: Nicht fürchten, sondern vorbereiten. So unfair rhetorische Finten auch sind, sie haben eine entscheidende Schwäche: Da die Rhetorik ein uraltes System ist, gibt es seit Jahrhunderten für jeden rhetorischen Angriff einen entsprechenden rhetorischen Konter. Und da die Rhetorik schon mehrere Tausend Jahre gepflegt wird, können Sie sich darauf verlassen, dass jeder Konter sitzt – sobald Sie ihn kennen und können.

Torpedo-Tipp 23:
Für jede rhetorische Gemeinheit gibt es ein Gegenmittel. Lernen Sie dieses kennen und beherrschen!

Es reicht aus, wenn Sie die folgende Liste der rhetorischen Gegenmittel einmal gründlich durchlesen und dann vor jeder Präsentation nochmals überfliegen. Einige meiner Seminarteilnehmer legen sich eine solche Liste auch aufs Pult; als Spickzettel sozusagen. Wenn es Ihnen hilft, sollten Sie das auch tun. Wenn Sie sich unsicher fühlen, können Sie die rhetorische Abwehr auch mit einem guten Freund, der besten Freundin trainieren – oder eben im Coaching oder Seminar.

Ständige Unterbrechungen

Ein Teilnehmer fällt Ihnen wiederholt ins Wort. Lassen Sie die ersten zwei- bis dreimal vorüberstreichen, dann schauen Sie ihn freundlich an und sagen: »Ich bin so höflich, Sie ausreden zu lassen. Könnten Sie es auch sein?« Oder: »Könnten Sie diese Höflichkeit erwidern?« Entgegen landläufiger Befürchtungen reicht dieser deutliche Wink mit dem Zaunpfahl aus, weil echte Neandertaler selten sind.

Der Zitierer

Diese Störung tritt ebenfalls sehr selten auf, allein schon weil heutzutage kaum einer mehr über eine ausreichende Bildung dafür verfügt. Der Zitierer zitiert unanfechtbare Koryphäen – oft falsch, aber wer hat schon das betreffende Zitat wortgetreu im Kopf?

»Moment mal, Tom Peters hat da etwas ganz anderes gesagt, er meint ...«

»Schon Erich Gutenberg hat gesagt, dass so eine Produktionsfunktion nicht realistisch ist.«

Das Publikum lässt sich natürlich vom großen Namen beeindrucken – genau darauf spekuliert der Störer. Wie bei jeder Störung ist es nützlich, wenn Sie sich nicht auf ein einziges Tool verlassen müssen, sondern eine Auswahl für eine flexible und angemessene Reaktion parat haben:

➤ »Wenn ich mich recht erinnere, hat Tom Peters wörtlich gesagt: ... « Und nun korrigieren Sie sein Zitat in einem (kleinen) Punkt. Mehr müssen Sie nicht sagen. Das Publikum und der Störer sehen, dass Sie mithalten können. Sie dürfen hier ruhig bluffen, denn vor allem ausländische Zitate kursieren in vielen Varianten der Übersetzung. Variante: »Ich kenne dieses Zitat in einem anderen Wortlaut: ...« Auch damit ist die Störung aufgehoben.

➤ »Tom Peters hat aber auch gesagt: ... « und dann bringen Sie ein Zitat, das das erste entkräftet. Auch hier dürfen Sie bluffen.

➤ »Peter Senge (eine andere Koryphäe) ist nicht ganz dieser Meinung. Denn er hat gesagt: ... « Falls Sie kein passendes Zitat zur Hand haben: Bluffen. Nicht einmal Peter Senge weiß, was Peter Senge alles gesagt hat. Koryphäen wie Sigmund Freud oder Alan Greenspan kann man sowieso vieles unterstellen, weil niemand genau weiß, was sie alles gesagt haben.

➤ »Wenn wir gerade beim Austausch von Zitaten sind. Schon Einstein sagte: Alles ist relativ.« Für diesen Kalauer brauchen Sie etwas Chuzpe – doch mit einem lakonischen Schulterzucken ist diese Retourkutsche ein Brüller im Publikum.

Der Überflieger

Der Überflieger bezeichnet Ihre detaillierte Argumentation als »Haarspalterei, kleinmütiges Buchhaltertum, kleinkariert, Verlust der großen Linie«.

➤ Gehen Sie auf seine Furcht ein: »Herr Meier, auch die genaueste Zahl kann eine Vision von dieser überragenden Größe nicht beeinträchtigen, nur quantifizieren.«

➤ Argumentieren Sie sowohl als auch: »Ich kann eben beides: Die große Vision im Auge und die Detailzahlen im Kopf behalten.«

➤ Konfrontative Variante: »Wenn meine Argumente falsch sind, dann zeigen Sie mir den Fehler. Wenn nicht, was schaden gute Argumente?«

Der Haarspalter

Der Haarspalter will mehr Details, wirft Ihnen vor, sich nicht gut genug auszukennen, will Einzelheiten hören.

➤ Nachfragen: »Welches Detail interessiert Sie?«

➤ Falls dafür keine Zeit ist: »Ich muss mich im Rahmen unserer Zeitvorgabe auf die große Linie konzentrieren. Detailfragen kläre ich gerne in der anschließenden Diskussion/im persönlichen Rahmen.«

➤ Kurzantworten: Wenn Sie sich gut im Thema auskennen, können Sie jede Detailfrage mit einem Satz, einer Maßgröße oder einem weiterführenden Hinweis in wenigen Sekunden beantworten.

➤ Falls Sie das Detail nicht parat haben: »Dieses Detail habe ich nicht parat. Ich konzentriere mich auf die wesentlichen Punkte. Ich liefere Ihnen das Detail nach.«

Der Akademiker

Mancher Zuhörer lässt gerne den Professor heraushängen – auch wenn er nicht habilitiert ist; er versucht Sie mit Fremdworten bloßzustellen.

➤ Nachfragen: »Sagen Sie mir Ihre Definition von ...?« »Was genau verstehen Sie unter ...?« Dann muss er das Fremdwort in verständliches Deutsch übersetzen – was ihm meist sichtlich schwerfällt; die Störung ist behoben.

➤ Wenn der pseudoprofessorale Besserwisser erwidert »Aber das müssen Sie doch wissen!«, kontern Sie: »Ich weiß es. Deshalb wundert mich Ihre Verwendung des Begriffes. Sie folgen sicher einer anderen Begriffsbelegung. Verraten Sie uns, welcher?«

➤ Wenn sein Bluff nicht aufgeht und Sie den Begriff sehr wohl kennen, übersetzen Sie einfach: »Für alle, die das Fremdwort nicht kennen. Auf Deutsch bedeutet es ganz einfach ...“

Fehlschlüsse

Ein sehr beliebtes Mittel von Störern ist die oft unbewusst falsche Schlussfolgerung aus Ihren Ausführungen: »Wenn das so ist, wie Sie sagen, dann müssen wir demnächst die Hälfte unserer Mitarbeiter entlassen!«

➤ So hanebüchen der Fehlschluss auch ist, weisen Sie ihn niemals »mit aller Entschiedenheit« zurück. Das tun Politiker auch – und danach weiß jedes Kind: Es ist doch was dran!

➤ Nehmen Sie es wie immer mit Humor, lächeln oder lachen Sie sogar: »Nein, also wirklich nicht, wie kommen Sie denn bloß darauf?«

➤ Wenn das Gegenteil sachlich zutrifft: »Es ist eher das Gegenteil der Fall: Wir können durch die Belebung der Nachfrage noch Mitarbeiter einstellen.«

Tangentialtaktik

Ein Störer wechselt einfach das Thema, zum Beispiel: »Ihre Neuordnung der Kundendatei wirkt sich doch auf unser Produktprogramm aus. Ich sage ja schon lange, dass wir mehr Consumer-Produkte aufnehmen sollen!« Die Transaktions-analyse spricht davon, dass der Störer „tangential" wird, das heißt, er weicht quasi rechtwinklig vom Thema ab. Meist weicht er mit großem Gespür für Populismus in ein beim Publikum sehr beliebtes Thema ab.

➤ Niemals oberlehrerhaft zurechtweisen: »Lassen Sie uns beim Thema blei-ben.« Denn das Publikum möchte etwas zu seinem Lieblingsthema hören!

➤ Das tangentiale Thema würdigen und verweisen: »Ja, das ist ein heißes Eisen. Wenn wir mit der Präsentation durch sind, können wir in der Diskussion nä-her darauf eingehen.«

➤ Würdigen und verbinden: »Ein heißes Thema. Wenn Sie genau hinhören, werden Sie im Laufe der Präsentation bemerken, wie es immer wieder zum Vorschein kommt.«

Der Schwarz-Weiß-Störer

Rhetorisch beschlagene Störer werden manchmal versuchen, Ihre Ausführungen zu diskreditieren, indem sie eine radikale Alternative anführen, deren Optionen völlig inakzeptabel sind: »Wenn es nach Ihnen geht, bleibt uns nur übrig, entwe-der den Laden dichtzumachen oder mit der Konkurrenz zu fusionieren.«

➤ So lächerlich die Störung auch ist: Nicht scharf zurückweisen à la »Das ist doch völlig aus der Luft gegriffen!« Denn je schärfer Sie entgegnen, desto mehr bleibt an Ihnen hängen.

➤ Echte oder gespielte Überraschung wirkt viel entwaffnender: »Wie kommen Sie bloß darauf? Diese beiden Möglichkeiten erscheinen mir doch etwas sehr extrem.«

➤ Wer schwarz-weiß denkt, liefert rhetorisch bereits die Steilvorlage für die pas-sende Kontermetapher: »Diese beiden Optionen sind die extremen Pole al-ler Möglichkeiten. Der goldene Mittelweg liegt wie immer genau dazwischen. Lassen Sie uns darüber reden.« Weiter im Text.

Der Ausnahme-Störer

Ein sehr beliebter rhetorischer Einwand, mit dem Sie wegen seiner Häufigkeit stets rechnen sollten, ist die unzulässige Verallgemeinerung (Übergeneralisierung) von Ausnahmefällen: »Das stimmt doch nicht, was Sie sagen. Vor einem Monat hatten wir einen Fall im Marketing, da war es genau umgekehrt.«

➤ Niemals den Störer bloßstellen: »Das war doch eine krasse Ausnahme – so was passiert doch alle hundert Jahre einmal!« Oberlehrer mag keiner.

➤ Mit passendem Gegenbeispiel kontern, falls Sie eines parat haben: »Letzte Woche im Vertrieb war es wieder genau umgekehrt: Das sind Einzelfälle, die am Prinzip nichts ändern.« Das ist eine etwas konfrontative Art der Entstörung.

➤ Bestätigen ist weniger konfrontativ: »Eine gute Beobachtung. Danke für den Hinweis. An diesem Fall sehen wir sehr schön die Ausnahme von der Regel. Wie schon das Sprichwort sagt: Ausnahmen bestätigen die Regel.«

Kapitel-Resümee: Große Torpedos abwehren

Torpedo-Tipp 17:

Große Störungen unterscheiden sich nur in der Größe, nicht vom Prinzip von kleinen. Also keine Bange: Wenn Sie das Gegenmittel kennen, entschärfen Sie große so einfach wie kleine Störungen.

Torpedo-Tipp 18:

Störungen niemals zynisch behandeln! Das hilft zwar oft, wirkt aber oberlehrerhaft, zickig und unsouverän.

Torpedo-Tipp 19:

Je größer der Torpedo, desto stärker weigern Sie sich, sich provozieren zu lassen. Wer die Contenance verliert, hat schon verloren – und der Störer hat gewonnen.

Torpedo-Tipp 20:

Vor jeder Präsentation: Handys abschalten lassen!

Torpedo-Tipp 21:

Die erste Killerphrase überhören Sie geflissentlich. Bei der zweiten oder dritten schreiten Sie ein und fragen nach.

Torpedo-Tipp 22:

Killerphrasen immer wortwörtlich nehmen und fragend spezifizieren lassen.

Torpedo-Tipp 23:

Für jede rhetorische Gemeinheit gibt es ein Gegenmittel. Lernen Sie es kennen und beherrschen!

4   Torpedos unter der Gürtellinie

Unbedingt darauf vorbereiten!

Es gibt kleine Torpedos (s. Kapitel 2) und große Torpedos (s. Kapitel 3). Und dann gibt es noch Torpedos, die sich unter der Gürtellinie bewegen. Angriffe, die schmutzig, unmoralisch und verwerflich sind.

Für die meisten rechtschaffenen Menschen sind solche Angriffe so undenkbar (»So etwas tut man einfach nicht!«), dass es zu einem Paradoxon kommt, das dem Präsentator zum Verhängnis wird: Weil ein Angriff umso undenkbarer ist, je schmutziger er wird, desto stärker fürchten sich Präsentatoren vor ihm und desto weniger bereiten sie sich auf ihn vor – eben weil er so undenkbar ist! Weil man so etwas nicht tut!

Es ehrt Sie, wenn Sie diese Auffassung teilen. Doch erinnern Sie sich: Der Umgangston, die Business-Etikette und der Moralkodex sind in den letzten zwanzig Jahren im Business abseits der öffentlichen Aufmerksamkeit in einem Maße verfallen, bei dem man in anderen Bereichen (Konjunktur, Börse, Renten, Gesundheitswesen) längst vom Untergang des Abendlandes sprechen würde. Dass für Sie unmoralische Angriffe tabu sind, bedeutet keineswegs, dass jeder Ihrer Präsentationsteilnehmer diese noble Ansicht teilt. Im Gegenteil. Auch für unmoralische Angriffe gilt der Geist von Torpedo-Tipp 1:

> Selbst wenn Sie keine Angriffe unter der Gürtellinie erwarten: Bereiten Sie sich unbedingt geistig darauf vor!

Lieber sich einmal umsonst vorbereiten, also einmal unvorbereitet getroffen zu werden. Nach einem unvorbereiteten Tiefschlagtreffer erholt man sich nämlich kaum noch während der Präsentation. Manche knabbern noch Tage nach der Präsentation daran ...

Die Folgen fehlender Vorbereitung

Während der Finanzdirektor eines größeren Mittelständlers sein Kostensenkungsprojekt präsentiert, steht der Vertriebschef auf und schreit: »Sie dämlicher Hund! Sie können noch nicht mal eins und eins zusammenzählen. Wenn Sie den Vertrieb abmurksen wollen, dann entlassen Sie doch einfach alle Verkäufer!«

Der Finanzdirektor steht sekundenlang sprachlos da. Dann meint er leise: »Das muss ich mir nicht bieten lassen.« und verlässt den Raum. Die zurückbleibenden Manager fällen unisono das Urteil: »Natürlich ist der Vertriebschef aus der Rolle gefallen. Aber wenn der Finanzdirektor das nicht abkann, hat er im Management nichts zu suchen.«

In den folgenden Wochen eilt dem Finanzdirektor der Ruf des Weicheis voraus. Weil er seither nicht ebenso spektakulär einmal so richtig auf den Tisch gehauen hat, haftet ihm etwas von diesem Image bis zum heutigen Tage an. Warum? Weil er ganz offensichtlich nicht mit einer persönlichen Attacke gerechnet hatte. Das war sein Fehler. Deshalb musste er spontan darauf reagieren und reagierte spontan falsch. Nicht was er tat, war falsch, sondern wie er es tat. Ein Abbruch kann durchaus auch mal ein gebotenes Mittel sein. Doch dann muss man auch souverän abbrechen, das heißt, erst einmal unterbrechen: »Meine Damen und Herren, die Wogen gehen gerade etwas hoch. Wir machen fünf Minuten Pause. Wenn sich jeder wieder im Griff hat, machen wir weiter.«

Auf diese Weise kann jedoch nur reagieren, wer sich geistig vorbereitet und sich vor allem einige Standarderwiderungen auf persönliche Angriffe zurechtgelegt hat. Sagen Sie nicht »So schlagfertig bin ich nun mal nicht!« Das, was an abgebrühten Präsentatoren schlagfertig wirkt, ist in den frühen Jahren einfach nur eine gute Vorbereitung und in den folgenden Jahren dann langjährige Erfahrung.

Torpedo-Tipp 24:

Sie werden auch mit persönlichen Angriffen unter der Gürtellinie fertig. Sie brauchen dazu keine Nerven aus Stahl, sondern nur etwas Vorbereitung.

Präsentatoren, die sich nicht ausreichend vorbereitet haben, erkennen Sie daran, dass sie auf Angriffe unter der Gürtellinie betroffen, sprachlos und verdattert reagieren, dass sie mit den Tränen kämpfen oder völlig aus dem Konzept geraten, dass sie überstürzt abbrechen oder zum verbalen Vernichtungsschlag ausholen, der dann als überzogen wahrgenommen wird und auf sie zurückfällt.

Zu einer ausreichenden Vorbereitung gehört, dass Sie sich mit den üblichen persönlichen Beschimpfungen auseinandersetzen, die Sie von ausfällig werdenden Teilnehmern erwarten können (was wir im Folgenden tun) und dass Sie Ihr Selbstbewusstsein um einige Prozentpunkte steigern (s. Kapitel 2, Absatz »Mehr Selbstbewusstsein!«).

Die Stallgeruch-Störung

»Wenn Sie unser Unternehmen besser kennen würden, wüssten Sie genau, dass das nicht hinhaut!«

»Wenn Sie mal so lange in der Branche sind wie ich, wissen Sie, dass das Unfug ist, was Sie da erzählen.«

Diese Angriffe zielen auf die Person des Präsentators. Um es klar zu sagen: Unter zivilisierten Menschen sind Angriffe auf die Person tabu. Doch das Business ist nun eben in vielen Bereichen nicht sonderlich zivilisiert. Das gefällt weder Ihnen noch mir – doch wir müssen damit umgehen können.

Diese Art Störung bedient sich des Stallgeruchs und sagt implizit: »Ich oder wir haben den Stallgeruch der Firma, Abteilung, Branche, Projektgruppe, ... und du nicht!« Kommt Ihnen bei solch unflätigen Anwürfen nicht auch die Galle hoch? Unterdrücken Sie es nicht, wie keine menschliche Regung (das gärt sonst und frisst Energie, was Sie dann als Stress wahrnehmen). Beachten Sie lediglich:

Torpedo-Tipp 25:
Werden Sie persönlich beleidigt – nicht provozieren lassen!

Das heißt vor allen Dingen: Lassen Sie sich nicht zu einer Rechtfertigung oder Verteidigung hinreißen. Gehen Sie nicht auf die Provokation ein:

»Ich kenne doch unser Unternehmen!«

»Ich bin genauso in dieser Branche wie Sie!«

»Was hat das mit Branchenerfahrung zu tun? Das sieht man doch auch ohne jahrelange Branchenerfahrung!«

Das wirkt schwach, kläglich, weinerlich oder (je nach Ton) aggressiv und schulmeisterlich.

Wenn Sie sich provozieren lassen, hat der Provokateur gewonnen! Er beabsichtigt zwar nicht immer, Sie aus der Fassung zu bringen (er möchte oft lediglich seinem Unmut Luft machen), doch ungelegen kommt ihm diese Wirkung nicht. Beherrschen Sie sich – anstatt sich von Ihren Gefühlen beherrschen zu lassen. Oder wie eine Coachee, promovierte Chemikerin in einem Pharmakonzern, jüngst sagte: »Je persönlicher ich angegangen werde, desto abgeklärter werde ich. Das habe ich mir schon in den ersten Monaten hier angewöhnt!« Diese überlegte Reaktion können auch Sie sich zulegen. Je stärker Sie provoziert werden, desto cooler reagieren Sie.

Haben Sie die erste emotionale Aufwallung kanalisiert, können Sie persönliche Angriffe ganz unverfänglich mit Torpedo-Tipp 22 (s. Kapitel 3) behandeln. Nehmen Sie die Unverschämtheit einfach wörtlich und stellen Sie eine sachliche Gegenfrage: »Aus welchem Grund genau haut das nicht hin?« »Welcher Aspekt an meinem Vorschlag stört Sie?« Mit einer abgeklärten Reaktion nehmen Sie der Situation das Eskalationspotenzial und dem Angreifer den Wind aus den Segeln. Vor allem: Jeder Teilnehmer erkennt, dass der Störer sich wie ein kleines Kind benimmt und Sie die Situationen unter Kontrolle haben.

Entweder der Störer hat tatsächlich ein gutes Argument, dann behandeln Sie es kurz, verweisen auf einen späteren Punkt oder verschieben es bis nach der Präsentation – und machen weiter im Text. Hat der Störer nichts Brauchbares vorzubringen, bedanken Sie sich höflich für den Hinweis. Düpieren Sie ihn nicht – denn es hat ohnehin jeder im Raum gemerkt, dass er nichts zu sagen hat.

Die kontrollierte Konterattacke (KKA)

Einfach blind und emotional zurückzuschlagen wirkt schwach und nicht souverän. Wenn Sie Ihre Attacke jedoch kontrolliert vortragen, ist sie eine Alternative zur sachlichen Gegenfrage (s. o.). Diese Alternative empfiehlt sich vor allem für Präsentatoren, die es gerne etwas deftig haben. Das heißt: Wenn Sie sich die kontrollierte Konterattacke nicht zutrauen, dann verzichten Sie einfach darauf. Verwenden Sie generell nur Instrumente, bei denen Sie authentisch bleiben, die Ihrem Stil entsprechen.

Die kontrollierte Gegenattacke ist deshalb leicht zu reiten, weil Sie dabei lediglich den Spieß umdrehen und den Vorwurf des Angreifers zurückzugeben brauchen:

Angriff: »Wenn Sie unser Unternehmen besser kennen würden, wüssten Sie genau, dass das nicht hinhaut!«

Konterattacke: »Umgekehrt wird ein Schuh draus: Wenn Sie unser Unternehmen besser kennen würden, wüssten Sie genau, dass das hinhauen wird, weil wir Ähnliches schon oft erfolgreich realisiert haben.« Danach sofort weiter im Text.

»Wenn Sie mal so lange in der Branche sind wie ich, wissen Sie eben, dass das Unfug ist, was Sie da erzählen.«

»Wenn man mal so lange in der Branche war wie Sie, übersieht man leicht, dass vieles heute möglich ist, was zu Ihrer Zeit eben nicht möglich war.« Danach unbedingt sofort mit der Präsentation weitermachen.

»Wie lange sind Sie denn schon bei uns?«

»Lange genug, um zu wissen, wovon ich spreche.«

»Wenn Sie länger in der Firma wären, wüssten Sie ...«

»Wenn ich so lange dabei wäre wie Sie, wäre ich möglicherweise auch betriebsblind.«

Der Laien-Vorwurf

»Meinen Sie das tatsächlich ernst? Man sieht eben gleich, dass Sie keine Erfahrung haben.«

»Sie haben von der Materie doch nicht die geringste Ahnung!«

»Das Problem liegt ganz woanders. Aber das können Sie als technischer Laie eben nicht erkennen.«

»Was verstehen Sie denn schon davon?«

Diese Art von Kommentar wirft dem Präsentator Inkompetenz vor – ein starkes Stück! Die häufigsten Fehlreaktionen: verteidigen, erklären, rechtfertigen.

Torpedo-Tipp 26:

Rechtfertigen Sie sich nicht, das wirkt schwach.

Also nicht so: »Meinen Sie das tatsächlich ernst? Man sieht eben gleich, dass Sie keine Erfahrung haben.« »Wieso? Ich bin immerhin seit zwei Jahren auf dieser Position!« Oder: »Das Problem liegt ganz woanders. Aber das können Sie als technischer Laie eben nicht erkennen.« »Aber ich habe doch extra mit Ihrem Experten gesprochen!« Sondern so:

»Meinen Sie das tatsächlich ernst? Man sieht eben gleich, dass Sie keine Erfahrung haben.«

Behandlung nach Torpedo-Tipp 22: »Genau welchen Punkt sprechen Sie gerade an?«

Kontrollierte Konterattacke (KKA): »Welchen Punkt haben Sie nicht verstanden?« Oder: »Sehe ich aus, als ob ich Witze mache? Natürlich meine ich das ernst.« Oder: »Eher umgekehrt: Mit etwas Erfahrung sieht man auf den ersten Blick, was damit gemeint ist.«

»Sie haben von der Materie doch nicht die geringste Ahnung!«

Torpedo-Tipp 22: »Auf welchen Sachverhalt beziehen Sie sich?«

KKA: »Im Gegenteil. Ich habe sogar so viel Ahnung von der Materie, dass ich weiß, wovon ich spreche.« Oder: »Ich bin etwas enttäuscht. Gerade jemand, der so viel Ahnung von der Materie hat wie Sie, sollte wissen, wovon ich rede.«

»Das Problem liegt ganz woanders. Aber das können Sie als technischer Laie eben nicht erkennen.«

Torpedo-Tipp 22: »Wo liegt das Problem Ihrer Meinung nach?«

KKA: »Ich muss kein technisches Genie sein, um zu erkennen, wo der Hase im Pfeffer liegt.« Oder: »Wo war denn Ihre Expertise, als ich die technischen Details recherchiert habe?«

»Was verstehen Sie denn schon davon?«

Torpedeo-Tipp 22: »Worauf beziehen Sie sich gerade?«

KKA: »Ich verstehe genug davon, um zu wissen, wovon ich rede.« Oder: »Was verstehen Sie gerade nicht?« Oder: »Offensichtlich mehr als ich vermutet habe, wenn schon ein Experte wie Sie Verständnisprobleme hat.«

»Das können Sie doch gar nicht beurteilen!«

»Stimmt. Ich maße mir kein Urteil an. Ich beschreibe lediglich Sachverhalte.« Oder: »Richtig. Das Urteil überlasse ich Ihnen.« Oder: »Gut erkannt. Ich präsentiere, das Urteil fällen andere.«

Lächerlich machen

»Das ist erstes Semester VWL, was wollen Sie denn damit?«

»Halten Sie uns jetzt eine Vorlesung über Mikroökonomik?«

»Wo haben Sie denn dieses Konzept aufgelesen?«

Auch diese Vorwürfe, die darauf zielen, den Präsentator lächerlich zu machen, können Sie mit Torpedo-Tipp 22 gut behandeln: Einfach nachfragen. Sie können auch eine kontrollierte Konterattacke fahren. Oder Sie können eine Torpedo-Abwehr anwenden, die sich für alle persönlichen Angriffe empfiehlt.

Torpedo-Tipp 27:
Bei persönlichen Attacken können Sie sich naiv stellen.

»Das ist erstes Semester VWL, was wollen Sie denn damit?« – »Das erinnert Sie an Ihr VWL-Studium? Wenn Sie meinen ...«

»Halten Sie uns jetzt eine Vorlesung über Mikroökonomik?« – »Sie halten das für eine Vorlesung? Von mir aus ...«

»Wo haben Sie denn dieses Konzept aufgelesen?« – »Entschuldigung, ich dachte, dass dieses Konzept nun wirklich jedem bekannt ist.«

Der Gipfel der gespielten Naivität ist eine Frage, die schon Dreijährige drauf haben: »Warum?«

»Das ist erstes Semester VWL, was wollen Sie denn damit?« – »Warum erstes Semester VWL?«

»Halten Sie uns jetzt eine Vorlesung über Mikroökonomik?« – »Warum glauben Sie, dass ich eine Vorlesung halten will?«

Danach erklärt der Angreifer seinen Angriff – und schon bröckelt sein Putz. Denn einer, der seinen Witz erklären muss, wirkt schwach. Hören Sie zu, erlösen Sie ihn dann von seinem Leiden und machen Sie weiter im Text.

Nützliche Variationen und Steigerungen der Warum-Frage sind:

➤ »Wie kommen Sie auf die Idee, dass ...?«

➤ »Wieso glauben Sie ...?«

➤ »Was verleitet Sie zu der Annahme ...?«

➤ »Worauf gründet sich Ihre kühne Hypothese ...?«

➤ »Was lässt Sie glauben ...?«

➤ »Woher nehmen Sie die Unterstellung ...?«

➤ »Weshalb vermuten Sie ...?«

➤ »Wo liegt das Missverständnis?«

➤ »Wie kann ich Ihnen weiterhelfen?«

Gehen Sie auf die Metaebene

Jede Kommunikation hat eine Beziehungs-, eine Sach- und eine Metaebene. Auf der Sachebene redet man über die Sache, auf der Metaebene redet man über die Kommunikation an sich. Sie können bei persönlichen Angriffen auf die Metaebene wechseln, Sie müssen es nicht. Sie müssen vor allem nicht immer mit dem Gang auf die Metaebene beginnen, wie manchmal irrtümlich zu lesen und zu hören ist.

Ob Sie es tun, hängt von Ihrer Einschätzung der Lage, also vor allem von der Erfolgswahrscheinlichkeit ab. Stellen Sie sich die Frage: Lassen diese Teilnehmer bei diesem Thema am heutigen Tag in der aktuellen Situation bei der herrschenden Emotionslage an ihre Vernunft appellieren? Wenn die subjektive Wahrscheinlichkeit über 50 Prozent liegt, können Sie es versuchen. Metakommunikation bedeutet einfach: Kommunikation über die Kommunikation. Hier einige Musterformulierungen:

➤ »Ich merke, dass Sie sehr aufgebracht sind. Greifen Sie mich persönlich an oder reden wir noch über die Sache?« Ist der Provokateur noch für die menschliche Vernunft erreichbar, besinnt er sich darauf meist auf mehr Sachlichkeit.

➤ »Ich verstehe Ihre Aufregung, fühle mich jedoch persönlich angegriffen.« Die berühmte, deeskalierende Ich-Botschaft.

➤ »Ich stehe hier, um eine Sache zu präsentieren und werde nun persönlich angegriffen. Das ist nicht akzeptabel.« Dann weiter im Text, die Botschaft ist beim Provokateur angekommen.

➤ »Ich bin mir keiner persönlichen Verfehlung bewusst. Deshalb verstehe ich nicht, warum ich eben persönlich angegriffen wurde. Ich denke, dass persönliche Dinge nichts zur Sache tun.« Weiter im Text.

➤ »Wenn hier jemand auf mich persönlich sauer ist, dann möchte ich das auch persönlich regeln. Morgen früh bei Tagesanbruch am Kirchhof, zwei Pistolen, zwei Sekundanten. Nachdem wir damit das Persönliche geregelt haben, möchte ich nun wieder zur Sache zurückkehren.« Eine freche Retoure, die der kaufmännische Leiter eines Metallbauers einmal brachte. Wer sich's zutraut ...

➤ »Ich bitte darum, dass persönliche Angriffe unterbleiben.«

➤ »Damit keine Missverständnisse entstehen: Ich lasse mich nicht persönlich beleidigen. Nicht ohne übertarifliche Ausgleichszahlung.«

Das Fragenbombardement

»Womit wollen Sie die Unterdeckung finanzieren? Etwa wieder aus dem Investitionstopf? Oder aus der Konzernumlage? Finden Sie das nicht reichlich einfallslos?«

Der Fragenbombardierer überschüttet den Präsentator meist sehr emotional mit Fragen. Ein gerissen eingefädelter Torpedo. Denn die Fragen klingen alle mehr oder weniger sachlich, gaukeln also ein Interesse am Thema vor, das von der Emotionalität des Vortrags der Attacke Lügen gestraft wird: Hier versucht einer ganz klar, dem Präsentator persönlich am Kittel zu flicken.

Unerfahrene Präsentierende reagieren darauf verwirrt und zögernd, ringen nach Antworten, was der Provokateur meist sofort ausnutzt: »Da fällt Ihnen nichts mehr ein. Ja mein Lieber, das hätten Sie sich früher überlegen sollen!« Wer so reagiert, fällt auf die Provokation herein: Er nimmt sie für bare Münze, anstatt sofort die Provokation dahinter zu entdecken und diese aufzudecken.

> Je überzogener eine Provokation, desto leichter ist sie aufzudecken.

Wer nämlich so viele Fragen auf einmal abschießt, erwartet nicht wirklich Antworten. Darin besteht der Sinn der Provokation: verunsichern, aus dem Konzept bringen. Wieder bieten sich mehrere Torpedo-Abwehrmöglichkeiten an:

1. Torpedo-Tipp 22: Nehmen Sie die Fragenlawine wörtlich und fassen Sie die vielen Fragen zu einem Komplex zusammen: »Danke, dass Sie die Kosten ansprechen. Ich merke, dass Sie sich sehr für eine solide Finanzierung einsetzen, und kann Ihnen deshalb sagen: Dafür ist gesorgt.« Weiter im Text.

2. Decken Sie die Provokation auf: »Welche Ihrer vielen Fragen soll ich zuerst beantworten?« »Was war nochmals Ihre erste Frage?« »Können Sie Ihre Fragen zu einer zusammenfassen?«

3. Verweisen Sie: »Das sind gute Fragen. Die Antworten dazu finden wir unter Punkt 5 meiner Präsentation.« Damit läuft die Provokation ins Leere.

Rufmord

»Das kann nicht sein, das Quartalsergebnis war niemals so niedrig!«

»Woher haben Sie denn diese Zahlen? Die können unmöglich stimmen.«

»Diese Angaben halte ich für völlig überzogen.«

Bei solchen Angriffen bleibt selbst alten Hasen manchmal die Spucke weg. Denn der Provokateur bezeichnet den Präsentator als Lügner und Faktenfälscher. Es ist eine Sache, wenn die Schlussfolgerungen und Empfehlungen des Präsentierenden angezweifelt werden. Eine ganz andere ist es jedoch, wenn er in einer Tabelle eine Zahl zeigt und jemand behauptet, die Zahl sei gefälscht. Einen so ungeheuren Vorwurf erhebt man nicht coram publico, denn er lässt sich meist nicht letztgültig widerlegen. Etwas bleibt immer hängen – das ist das Charakteristische an Rufmord. Folgende Möglichkeiten der Torpedo-Abwehr haben sich bewährt:

➤ Humor: »Sie haben recht, auf den ersten Blick fand ich das auch ziemlich unglaublich.« »Das hätten Sie nicht gedacht, nicht wahr? Ich ehrlich gesagt auch nicht.« »Was? Da hat mir unsere IT-Abteilung also eine falsche Bilanz gegeben? Meinen Sie, die fälschen die Bilanz jetzt schon für den internen Gebrauch?« »Donnerwetter, wenn das tatsächlich nicht stimmt, dann sollte das schleunigst jemand unserer Fertigung sagen – die arbeiten nämlich seit drei Jahren mit dem Zahlenmaterial!«

> **Torpedo-Tipp 28:**
>
> Je brutaler ein Torpedo-Angriff, desto besser wirkt Humor (wegen der Kontrastwirkung).

➤ Naivität (Tipp 27): »Wieso sollte unsere Bilanzbuchhaltung mir falsche Zahlen geben?« »Welches Interesse sollte ich haben, Ihnen eine falsche Angabe unterzujubeln? Was hätte ich davon?« »Wer sollte ein Interesse daran haben, diese Daten zu fälschen?«

➤ Nachfragen (Tipp 22): »Welche Zahl halten Sie für realistischer? Ja? Schade, diese Zahl hätte mir auch besser gefallen.«

➤ Verständnis: »Ich verstehe, dass Sie sich unwohl dabei fühlen. Doch Fakt ist Fakt. Damit müssen wir alle leben.«

Der Wortverdreher

Der Wortverdreher dreht Ihnen das Wort im Munde herum: »Wenn ich Sie richtig verstanden habe ... « beginnt er, um Ihnen danach oft das genaue Gegenteil von dem zu unterstellen, was Sie gesagt haben. Sie haben recht, das ist schon ganz schön infam. Denn dabei ist die Sabotageabsicht offensichtlich. Behalten Sie trotzdem oder gerade deshalb Ihren Humor:

➤ Decken Sie den Bluff auf: »Ein netter Versuch, Herr Kollege. Wie Sie vielleicht bemerkt haben, habe ich exakt das Gegenteil gesagt.«

➤ Naivität (Torpedo-Tipp 27): »Da haben Sie etwas missverstanden. Ich habe genau das Gegenteil gesagt.«

➤ Humor (Torpedo-Tipp 28): »Tja, so herum hätte ich's natürlich auch lieber. Leider ist es gerade umgekehrt, wie ich übrigens vorhin ausgeführt habe.«

Sagen Sie niemals das, was einem in so einer Situation auf der Zunge liegt: »Sie drehen mir das Wort im Munde herum!« Wer sich derart entrüstet, so berechtigt es auch sein mag, schwächt sich selbst. Denn das Publikum denkt: Nur wer schwach ist, regt sich auf. Je heftiger jemand versucht, Sie zu provozieren, desto cooler sollten Sie bleiben. Kontrollieren Sie Ihre Emotionen! Auch wenn es Anstrengung und Disziplin kostet. Das gehört zu einer guten Präsentation! Die eigenen Emotionen kontrollieren lernt man/frau in Coachings oder Seminaren.

Beleidigungen

»Ihr Konzept ist so geschmacklos wie Ihre Kleidung.«

➤ Humor: »Nach diesem Exkurs in Sachen Business-Mode möchte ich mich wieder dem Thema zuwenden.«

➤ Naivität: »Tut mir leid, ich kann Ihnen nicht folgen.« Weiter im Text.

➤ KKA: »Ich vermute mal, dass diese Erkenntnis uns nicht wirklich weiterbringt. Also zurück zum Thema.«

➤ Ernsthaftigkeit: »Was genau gefällt Ihnen daran nicht – am Konzept meine ich, nicht an meiner Kleidung?«

»Sie junger Schnösel haben doch keine Ahnung!«

➤ Humor: »Ich wette, das haben Sie in Ihrer Jugend auch oft hören müssen.«

➤ Naivität: »Ich sehe nicht, wie mein Alter unsere Vertriebszahlen beeinflussen könnte.«

➤ KKA: »Eine interessante Aussage, weil sie sich auf jedes Alter beziehen lässt.«

➤ Ernsthaftigkeit: »Was ist Ihre Frage?«

Wenn Frauen angegriffen werden

Es ist einer der größten Atavismen der Zivilisationsgeschichte, dass Frauen im 21. Jahrhundert in der Businesswelt noch immer als Frau diskreditiert, angegriffen und diskriminiert werden. Wer einmal solchen sexistischen Chauvi-Attacken beiwohnte, fragt sich nicht länger, warum eine so verschwindend geringe Zahl von Frauen in führenden Positionen vertreten ist. Frauen haben ein feines Gespür dafür, in welchen beruflichen Positionen sie vorgeführt werden (sollen). Viele spielen das Spiel deshalb nicht mit. Falls Sie es trotzdem mitspielen oder es künftig mitzuspielen gedenken:

Torpedo-Tipp 29:

Machen Sie sich keine falschen Hoffnungen. Rechnen Sie fest damit, als Frau torpediert zu werden.

Das heißt nicht, dass Sie in jeder oder in jeder zweiten Präsentation sexistisch torpediert werden. In den meisten Unternehmen passiert es viel seltener. Doch je seltener ein persönlicher Torpedo zu erwarten ist, desto besser sollte frau darauf vorbereitet sein. Mit einem Torpedo unter der Gürtellinie zu rechnen, heißt, sich bereits während der Vorbereitung einige Retouren auszuwählen, sie für Sie passend umzuformulieren und gegebenenfalls vor dem Ankleidespiegel zu proben, bis sie »sitzen«. Hier eine kleine Auswahl der häufigsten zotigen Anmachen mit entsprechenden Retouren:

»Das verstehen Sie als Frau sowieso nicht!«

➤ »Versuchen Sie trotzdem, es mir zu erklären.« (kokett zu sprechen)

➤ »Heißt das, Sie können es mir nicht erklären? Wen müsste ich denn dann fragen?« (in gespielter Naivität)

➤ »Wollen Sie behaupten, dass Sie als ausgewiesener Experte es nicht schaffen, einer Frau etwas zu erklären?« (mit Augenzwinkern)

➤ »Sie als gestandener Mann sollten eigentlich keine Probleme haben, einer Frau so etwas zu erklären.«

➤ »Meinen Sie als Mann beurteilen zu können, was ich als Frau verstehen kann?« (etwas konfrontativer)

➤ »Ach wirklich? Zeigen Sie mir eine Sache, die eine Frau nicht besser machen würde als ein Mann.«

➤ »Sie haben recht. Dafür bin ich einfach zu intelligent.«

➤ »Ach wissen Sie was? Reden Sie einfach wie zu einem Mann mit mir.« (Die Komik ist gewollt und entspannt die Situation.)

»Stellen Sie sich nicht so an. Sie sind doch eine gestandene Frau!«

➤ Das ist zwar unverschämt und unverbesserlich chauvinistisch, doch beim ersten Mal können Sie das auch ignorieren (s. u.), wenn Sie es durchgehen lassen möchten.

➤ »Danke für das Kompliment!« (lächelnd zu sprechen)

➤ »Als gestandene Frau mache ich, wie Sie richtig bemerken, die Dinge auf meine Art.«

➤ »Einverstanden: Wenn Sie aufhören, sich anzustellen, höre ich auch damit auf.«

»Typisch Frau!«

➤ »Danke für das Kompliment!« (Lächeln!)

➤ »Ja, da staunen Sie, was?« (Humor ist immer gut.)

➤ »Typisch Mann!« (direkte Retourkutsche, lächelnd zu sprechen)

➤ »Erzählen Sie mir bloß nicht, wie Sie's gemacht hätten – ich kann mir das lebhaft vorstellen!« (immer dabei lächeln)

➤ »Haben Sie ein Problem damit?«

➤ »Wenn ich Sie vor Ihren Kollegen schlecht aussehen lasse, dann tut mir das leid.«

➤ »Tja, ich kann und möchte meine Klasse eben nicht verstecken!«

➤ »Sie meinen sicher: fantastische, bewundernswerte und vorbildliche Ausführung?« (humorvolle Übertreibung)

➤ »Danke, das ist wie Made in Germany: ein Qualitätssiegel.«

»Ist das für eine Frau nicht zu schwer?«

➤ »Na ich weiß ja nicht, mit welchem Typ Frau Sie vorzugsweise Umgang pflegen ...«

➤ »Einer Frau ist nichts zu schwer.«

➤ »Wenn's für Männer zu schwer ist, muss man eben eine Frau ranlassen.«

➤ »Schwerer als Kinderkriegen wird es kaum sein.«

➤ »Wenn es leicht wäre, könnten wir ja einen Mann ranlassen.«

»Zerbrechen Sie sich mal nicht Ihr hübsches Köpfchen!«

➤ »Sie mögen meine Frisur? Danke für das Kompliment.«

➤ »Sagen Sie bloß, diese Kleinigkeit bereitet Ihnen schon Kopfzerbrechen?«

➤ »Wissen Sie, Frauen tun sich leichter mit Denken als Männer.«

➤ »Warum hat Gott die Frauen hübsch erschaffen? Weil Männer besser sehen als denken können.«

»Ihre Vorgängerin hat das viel besser gekonnt!«

➤ »Sicher nicht vom ersten Tag an.«

➤ »Ja, ich vermisse Frau X auch – mit ihr konnte man wenigstens vernünftig reden.«

➤ »Frau X hat mich schon darauf aufmerksam gemacht, dass Sie sehr ungeduldig sind.«

➤ »Ich kann mir denken, dass Sie das damals auch Frau X vorgehalten haben.«

➤ »Frau X hat mich vorgewarnt, dass Sie das sagen würden.«

»Mädchen/Kindchen, lass das mal, ...«

➤ »Das meinst du doch nicht wirklich, Jungchen.«

➤ »Lassen Sie mich ruhig mal ran, kann nichts schaden.«

➤ »Och, das krieg ich locker geregelt, wollen Sie sehen?«

➤ »Danke der Fürsorge, doch ich werde das selbst regeln.«

Heute schon 'ne Büromieze platt gemacht?

Während Männer mit typischen Chauvi-Sprüchen kaum Probleme haben, fragen sich Frauen oft, wie man mit einem IQ oberhalb der Zimmertemperatur zu solchen Frechheiten fähig ist. Des Rätsels Lösung sind die Spielregeln des Männerlebens. Eine dieser ehernen Regeln heißt: »Stell jede(n) auf die Probe!«

> Männer torpedieren Präsentatorinnen meist nicht, um ihnen Schaden zuzufügen, sondern um sie auf die Probe zu stellen.

Wer sich echauffiert, zickt, die beleidigte Leberwurst oder die britische Gouvernante hervorkehrt, fällt im Test durch. Wer mit flotter Zunge kontert, besteht den Test. Der Test wird oft auch als Initiationsritus eingesetzt: Hat mann eine Frau ein paar Mal von der Seite angeschossen und hat sie sich mannhaft gewehrt, wird sie als Kollegin akzeptiert. Der Ritus ist zwar etwas primitiv, doch wenn frau ihn durchschaut, ist er ein sehr nützliches und einfaches Mittel, sich Respekt zu verschaffen. Deshalb schauen alle Männer gespannt auf die Präsentatorin, sobald der Torpedo abgeschossen ist. Sie wollen sehen, wie sich die Frau schlägt.

> »Frau Topf, wären Sie nicht lieber ein Mann geworden?«, fragte mich ein Mitglied der Geschäftsführung unlängst bei einer Präsentation. Es war totenstill im Raum. 22 Augenpaare richteten sich auf mich. Alle waren gespannt, wie ich reagieren würde: Das ist der Sinn des Spiels. In solchen Situationen tendiere ich zu Torpedo-Tipp 22: Erst mal nachhaken, um erstens Zeit zum Nachdenken zu gewinnen und zweitens hinter die Gründe der Attacke zu kommen.
>
> Die lieferte der Chauvi stante pede: »Sie reden so knallhart wie ein Kerl!«

Merken Sie sich: Nachfragen ist deshalb so hilfreich, weil Ihnen direkt auf den Torpedo hin oft nichts Passendes einfällt – auf die Begründung aber immer! Mir fielen sofort mehrere Möglichkeiten ein:

➤ »Da sehen Sie mal, dass man kein Kerl sein muss, um knallhart zu reden.«

➤ »Klar, ich gurgle auch jeden Morgen mit Schotter!«

➤ »Das ist noch gar nichts. Sie sollte mich mal erleben, wenn ich Löcher in Stahltüren beiße!«

➤ »Hätten Sie's lieber in der weich gespülten Fassung?«

➤ »Heißt das, Sie können das Bisschen Härte nicht vertragen?«

Die Kunst des Ignorierens

Ignorieren will gelernt sein. Gerade Frauen ignorieren in der Regel mit fataler Körpersprache: Sie überhören den Chauvi-Spruch mit abgewandtem Blick und abgewandtem Körper. Das wirkt schwach und wird von den Chauvis instinktiv ausgenutzt: »Die lässt alles mit sich machen!« Noch schlimmer ist, wenn eine Frau die Stirn runzelt oder stumm die Augen verdreht. Das wirkt wie die strenge Gouvernante, die sich zu fein für eine Retoure ist.

> **Torpedo-Tipp 30:**
>
> Wenn Sie einen Chauvi ignorieren, lassen Sie es ihn wissen. Zeigen Sie ihm Ihr Lächeln!

Stellen Sie Blickkontakt her, lächeln Sie ihn für eine Sekunde freundlich an – und würdigen Sie ihn keiner Silbe. Das zeigt dem Publikum Ihre Souveränität und nimmt dem Chauvi den Wind aus den Segeln. Denn mit allem hat er gerechnet. Mit Empörung, Schmollen oder Rückzug. Aber nicht mit einem souveränen Lächeln. Bedenken Sie: Lächeln ist die kultivierteste Methode, jemandem die Zähne zu zeigen. Das bringt uns zum größeren Bruder des Lächelns: Humor.

Der Humor des Entertainers

Wie wir schon öfter bemerkt haben und wie Torpedo-Tipp 28 sagt: Humor ist ein ideales Torpedo-Abwehrmittel. Viele unerfahrene Präsentierende wenden ein: »Wenn ich hart angegangen werde, fällt es mir schwer, die lustige Seite daran zu sehen.« Das stimmt. Das ist auch nicht verlangt. Humor bedeutet nicht so sehr, über etwas Lustiges zu lachen. Das kann jeder. Humor ist, wie das Sprichwort schon sagt, wenn man trotzdem lacht. Oder zumindest lächelt.

Denken Sie an die besten Entertainer aus Show, TV und Funk. Es gibt keinen von ihnen, der es ohne ganz speziellen, persönlichen Humor geschafft hätte, sich jahrelang im Rampenlicht zu halten – und dabei geistig und seelisch zu überleben. Humor ist nicht nur eine der wunderbarsten und wirkungsvollsten Deeskalationsmaßnahmen, sondern eine der besten Anti-Stress-Techniken. Wer es mit Humor nimmt, reduziert sofort und spürbar den Druck, der auf ihm lastet.

Dabei ist Humor kein Mittel, das man bei heranrauschenden Torpedos aus dem Ärmel schüttelt. Es funktioniert nämlich meist nicht, auf Knopfdruck humorig zu sein. Humor ist keine Technik, sondern eine Geisteshaltung. Leider gehen viele Präsentatoren mit der entgegengesetzten Geisteshaltung in ihre Präsentation: tierisch ernst, um seriös zu wirken. Das wirkt jedoch bloß verkrampft und besserwisserisch und macht einen sehr verwundbar für Torpedos. Wer seriös wirken will, wirkt meist steif wie eine Eiche, die der Sturm irgendwann mal aushebelt. Wer es mit Humor nimmt, verhält sich wie Schilfgras: Das bleibt flexibel und übersteht jeden Sturm.

Bleiben Sie locker, lockern Sie sich bewusst selbst auf, gerade auch in der Vorbereitung (s. Kapitel 1). Eine humorvolle Einstellung ist fast wichtiger als die Arbeit an ausreichend Selbstbewusstsein. Denn wer Humor hat, ist auch selbstbewusst. Fühlen Sie sich weniger als Experte und mehr als Entertainer, Infotainer, Edutainer – genau aus diesem Grund gibt es diese Begriffe. Der Infotainer wird allemal lieber gesehen als der Schulmeister. Und er überlebt leichter auch persönliche Torpedo-Angriffe.

Kapitel-Resümee: Persönliche Angriffe abwehren

Torpedo-Tipp 24:

Sie werden auch mit persönlichen Angriffen unter der Gürtellinie fertig. Sie brauchen dazu keine Nerven aus Stahl, sondern nur etwas Vorbereitung.

Torpedo-Tipp 25:

Werden Sie persönlich beleidigt – nicht provozieren lassen!

Torpedo-Tipp 26:

Rechtfertigen Sie sich nicht, das wirkt schwach.

Torpedo-Tipp 27:

Bei persönlichen Attacken können Sie sich naiv stellen.

Torpedo-Tipp 28:

Je brutaler ein Torpedo-Angriff, desto besser wirkt Humor (wegen der Kontrastwirkung).

Torpedo-Tipp 29:

Machen Sie sich keine falschen Hoffnungen. Rechnen Sie damit, als Frau torpediert zu werden.

Torpedo-Tipp 30:

Wenn Sie einen Chauvi ignorieren, lassen Sie es ihn wissen: Lächeln Sie!

5   Pleiten, Pech und Pannen

Wie man sich selbst torpediert

Eines ist charakteristisch für weniger erfahrene Präsentatoren: Sie fürchten sich zwar oft vor Torpedos, denken vor lauter Angst jedoch viel zu wenig über etwas nach, das rein statistisch betrachtet viel häufiger auftritt als Torpedos: Pannen. Paradox wird es dann, wenn die Zuhörer eigentlich ganz friedlich sind, nicht im Traum daran denken, Torpedos auf den Präsentierenden abzufeuern, bis der Präsentator sich mit einer Panne, die gut und gerne vermeidbar gewesen wäre, selbst aus dem Rennen wirft.

Neben dieser direkten Torpedo-Wirkung entfalten Pannen auch eine indirekte: Da Unfall selten Zufall ist und das die Zuhörer auch meist mitbekommen, provoziert eine vermeidbare Panne Folge-Torpedos: »Hätten Sie sich das nicht denken können?« »Wo ist Ihre Vorbereitung?« »Mensch, damit muss man doch rechnen!« »Können wir nicht endlich weitermachen?«

Torpedo-Tipp 31:
Betreiben Sie umfängliche bis pingelige Pannenprophylaxe!

Bereiten Sie sich mit Murphys Gesetz im Hinterkopf auf Pannen vor: Wenn etwas schiefgehen kann, wird es auch irgendwann schiefgehen. Denken Sie an das Prinzip jeder guten Versicherung: Je gravierender der Schadensfall sein könnte, desto besser sollte Ihre Versicherung sein. Je peinlicher oder gravierender die Panne wäre, desto gründlicher sollten Sie sich darauf vorbereiten.

Vorbereitung ist die beste Pannenhilfe

Was Sie gleich lesen werden, kommt Ihnen sicher bekannt vor. Das ist nicht der springende Punkt. Der springende Punkt ist: Jedem Präsentator kommen die folgenden Vorbereitungen bekannt vor – doch viele richten sich einfach nicht danach. Wenn zum Beispiel die Flipchart-Stifte viel zu dünn schreiben, was macht der Ungeübte? Er schreibt damit – ist ja sonst nichts vorhanden. Außer in der ersten Reihe bekommt dann keiner mit, was er da ans Chart kritzelt. Der Präsentator ist natürlich wütend auf den Kerl, der nicht für die richtigen Stifte gesorgt hat. Doch das Publikum weiß nichts davon. Es ist wütend auf den Präsentator, weil er nicht pannenfest ist.

> Gehen Sie die komplette Technik durch, fragen Sie sich, was schiefgehen könnte und bereiten Sie sich darauf vor.

Checken Sie vor der Präsentation ab, ob

➤ geeignete Stifte, Papier, andere Materialien vorhanden sind,

➤ das Material auch funktioniert,

➤ das Material ausreichend vorhanden ist.

Bereiten Sie gewissenhaft vor

Immer wieder höre ich nach peinlichen Pannen: »Aber bei der letzten Präsentation hat das Ding doch noch funktioniert!« Na und? Seit der letzten Präsentation ging viel Wasser den Rhein runter. Wenn Sie Pannen vermeiden wollen, überzeugen Sie sich rechtzeitig vor Ihrer Präsentation von Vorhandensein und funktionsgerechtem Zustand aller Hilfsmittel. Klären Sie dabei auch:

> Wer benützt nach Ihrer Kontrolle und vor Ihrer Präsentation das Equipment?

Es nützt nichts, wenn Sie am Vormittag des Vortages die Ausrüstung kontrollieren und am Nachmittag der firmenbekannte Stiftekiller eine Präsentation hält. Sie stöhnen innerlich über so viel Selbstverständlichkeit? Dann kann Ihnen das ja nicht passieren. Die traurige Wahrheit ist: Solche Dinge passieren ständig! Völlig unfassbar ist, wenn so eine Panne ausgerechnet mit den Räumlichkeiten der Präsentation passiert: Wenn Sie voll beladen mit Equipment eine halbe Stunde vor Präsentationsbeginn dort antraben, ist zu Ihrer Verwunderung der Raum bereits ausgebucht!

Diese Panne passiert regelmäßig. Ebenso regelmäßig höre ich: »Zu dieser Zeit benutzt doch sonst niemand den Sitzungssaal.« Oder noch naiver: »Aber der ist doch sonst immer frei!« Das sind Ausreden, keine Pannensouveränität. Wenn Sie einen Raum wollen, buchen Sie ihn. Buchen Sie ihn elektronisch per Eintrag in Lotus Notes oder welches System auch immer in Ihrer Firma die Buchungen verwaltet. Oder buchen Sie bei der dafür zuständigen Person. Sehen Sie mit eigenen Augen zu, wie diese Person Ihren Termin ins große Buch der Reservierungen einträgt. Sagen Sie allen potenziellen Kandidaten auf dem Stockwerk, die im Verdacht stehen, demnächst eine Sitzung halten zu wollen vorsichtshalber: »Am ... um ... haben wir ein Meeting im Sitzungssaal!« Das ist in neun von zehn Fällen unnötig – in einem jedoch zahlt es sich aus. Rufen Sie einen Tag vorher nochmals bei der Reservierungsstelle an und lassen Sie sich Ihre Buchung bestätigen – es könnte ja etwas dazwischen gekommen sein, von dem man Sie wieder mal nicht informiert hat.

Die Zeitpanne

Eine der häufigsten Pannen wird von unerfahrenen Präsentatoren in der Regel nicht als solche erkannt: »Huch, die Zeit reicht nicht!« Damit ist nicht das übliche Überziehen gemeint, mit dem fast jeder Zuhörer innerlich seufzend rechnet. Damit ist gemeint, dass am Ende der Zeit noch jede Menge Präsentation übrig ist, wesentliche Teile und bereits angekündigte Argumente noch fehlen. »Ich weiß auch nicht, wie wir so in Verzug geraten konnten«, meinen unerfahrene Präsentierende oft. Dabei ist die Sache banal: Man fängt schon mit fünf Minuten Verspätung an, dann funktioniert zwischendrin etwas nicht, man verliert Zeit über die streikende Technik, es fallen unerwartete Zwischenfragen, Diskussionen brechen aus, einige Dinge funktionieren nicht so, wie man sie vorbereitet hat – und schon liegt man zwanzig Minuten hinter dem Plan.

Torpedo-Tipp 32:
Bauen Sie üppig Zeitpuffer ein!

Prägen Sie sich den Merkspruch ein: Es geht immer etwas schief. Das ist nicht schlimm, das ist normal. Sie sollten lediglich damit rechnen und sich darauf vorbereiten. Das Vermeiden von Zeitpannen beginnt damit, dass Sie jeden Präsentationspunkt mit einem Zeitpuffer versehen. Wenn Sie also bei der »Trockenpräsentation« vor dem Ankleidespiegel drei Minuten für ein Hauptargument benötigen, rechnen Sie mindestens vier Minuten ein. Natürlich können Sie durch die Pufferung weniger Inhalt unterbringen. Doch weniger Inhalt ist immer noch besser als Zeitverzug – denn im Zeitverzug kriegt kaum ein Zuhörer Ihre Inhalte mit, weil alle schon wieder auf dem Sprung sind!

Addieren Sie zu den Zeitpuffern der einzelnen inhaltlichen Punkte auch ausreichend Zeitpuffer für die erwarteten Störungen, die Sie dank des Torpedo-Radars (s. Kapitel 1) ausgemacht haben.

> Frank weiß, dass in Kostenfragen stets der Finanzvorstand dazwischenquatschen muss, auch wenn er lediglich sattsam bekannte Argumente wiederholt. Also plant er beim Präsentationspunkt »Kosten« eine Minute extra ein.

Diese eine Minute ist nicht viel – doch wenn Sie alle Zeitpuffer aufaddieren, kommt dabei einiges zusammen. Um diese Zeitspanne sollten Sie natürlich Ihre inhaltlichen Ausführungen kürzen. Das nennt man zeitliche Planung einer Präsentation. Und nun die Überraschung, die keine ist: Die meisten Präsentatoren machen überhaupt keine Zeitplanung! Sie planen nur die Inhalte! Diese Fahrlässigkeit provoziert geradezu Zeitpannen. Zeitplanung ist kein Hexenwerk und keine Wissenschaft. Dazu muss man lediglich addieren und subtrahieren können.

Bedenken Sie die Anreise!

Zur Vermeidung der Zeitpanne gehört auch, dass Sie sich zeitig auf den Weg zum Präsentationstermin machen. Ist der Termin außer Haus, rechnen Sie den Verkehr, Umleitungen, einmal den Weg verlieren und andere Fährnisse ein. Die Faustregel: Lieber eine Stunde zu früh eintreffen als auf den letzten Drücker, schon gut durchgeschwitzt und gestresst. Erstaunlich viele Präsentatoren kommen genau in diesem Zustand an. Sie schaffen damit die besten Voraussetzungen für eine schlechte Präsentation. Manchmal ist der Präsentator der schlimmste Feind der Präsentation.

Rechnen Sie bei der Anreise auch die Zeit ein, die Sie noch für die unmittelbare Vorbereitung der Präsentation benötigen. Auch das sollte selbstverständlich sein. Auch das ist es nicht, wenn ich mir die hoch bezahlten Topmanager ansehe, die zwei Minuten vor Beginn der Präsentation versuchen, Beamer, TV, Flipchart und komplette Mindmaps aufzubauen. Wenn sich dann noch etwas nicht ruckzuck aufbauen lässt, klemmt oder irgendwie kaputt ist, beginnt die Präsentation schon im Chaos. So etwas ist nun wirklich gänzlich unnötig.

Selbst wenn Sie innerhalb des Hauses oder des Firmenareals »anreisen«: Seien Sie lieber eine halbe Stunde als zehn Minuten zu früh da. Wer weiß, welches hohe Tier Ihnen auf den Fluren begegnet und Sie aufhält. Wer weiß, welcher Schurke den Sitzungssaal kurz zuvor in einer Verwüstung oder mit dem typischen Sitzungsmief hinterlassen hat.

Die Zusagenpanne

»Aber das war doch ganz anders ausgemacht!« An diesem Ausruf erkennen Sie den Amateur.

> Wenn Sie auswärts präsentieren, können Sie fest damit rechnen, dass nicht jede Zusage eingehalten wird.

Ein zugesagtes Exponat fehlt oder der zugesagte Raum ist nicht verfügbar. Sie können Pannen dieser Art zwar nicht immer vollständig vermeiden, aber doch entscheidend reduzieren, wenn Sie

➤ sich einen zuverlässigen Ansprechpartner am Präsentationsort aussuchen,

➤ mit diesem absprechen, was machbar ist und was nicht,

➤ ihm eine Liste mit den machbaren Wünschen geben,

➤ sich ein-, zweimal nach dem Stand der Umsetzung Ihrer Wunschliste erkundigen,

➤ am Vortag der Präsentation anrufen und explizit danach fragen, welche Wünsche morgen unerfüllt bleiben werden.

Das Back-up-Prinzip

Es kann so vieles schieflaufen. Gestern lief der Rechner noch, heute läuft er nicht mehr. Die Beamer-Glühlampe gibt ausgerechnet bei Ihrer Präsentation den Geist auf. Stromausfall. Systemtotalabsturz. Die Liste der möglichen Pannen ist endlos.

> **Torpedo-Tipp 33:**
>
> Erfahrene Präsentatoren wissen: Es ist immer was! Es geht nie ganz ohne Pannen ab!

Eine Möglichkeit, sich darauf vorzubereiten, ist, Sicherungen einzubauen, Ersatzlösungen zu installieren; sogenannte Back-ups. Es gibt etliche Präsentatoren, die immer ein zweites Notebook bei sich haben. Dass man immer einen zweiten Satz Akkus neben dem frisch geladenen Satz dabei hat, versteht sich von selbst. Andere Präsentatoren haben bei ihrem mitgebrachten Beamer immer eine Ersatzbirne dabei (auch wenn die teuer ist). Erfahrene Präsentatoren haben eine Notversion ihrer Präsentation, falls die Technik total ausfällt. Dann teilt man eben Handouts aus, die bereits vorher in ausreichender Zahl kopiert wurden. Denn wenn man das während der Präsentation mit dem Kopierer um die Ecke machen muss, ist die Zeit zu knapp.

> Fragen Sie sich: Was könnte schiefgehen? Dann bauen Sie ein Back-up ein.

Wie viele Sicherungen brauchen Sie? Viele. Übersichern Sie Ihre Präsentation ruhig. Es ist wie mit jeder Versicherung. Die Unfallversicherung ist die meiste Zeit des Jahres reine Geldverschwendung – außer an dem einen Tag, an dem Sie die Bordsteinkante übersehen. Die meisten Sicherungen kosten nach der ersten Anschaffung ohnehin kaum Zeit, Geld oder Mühe. Man muss sie lediglich mitnehmen oder daran denken. Sie müssen nicht zu jeder Präsentation alle Back-ups bereithalten. Es gilt:

> Je wichtiger die Präsentation, desto mehr Back-ups!

Spielen Sie alle Pannenrisiken und die passenden Back-ups dazu durch. Wenn der Beamer ausfällt, dann präsentiert man eben mit den Folien, die man als Back-up mitgebracht hat. Fällt der Projektor aus, teilt man Folienkopien aus. Funktioniert der Rechner nicht, hat man entweder einen zweiten dabei oder eine CD, die auf einem anderen Rechner laufen kann. Fällt der Laserpointer aus, hat man Ersatzbatterien dabei oder den guten alten Zeigestock. Klingt trivial? Stimmt. So trivial, dass viele Präsentatoren nicht darauf kommen.

> Neulich erlebte ich einen Präsentator, der wegen einer technischen Panne doch tatsächlich seine Folien an die Metaplanwand reißzweckte! Das konnte zwar kein Mensch lesen, doch was sollte er machen? Er hatte sich in der Präsentationsvorbereitung einfach keine Gedanken über Back-ups gemacht. Er hatte sich derart auf den Inhalt konzentriert, den er rüberbringen wollte, dass er den Informationsprozess selbst völlig vergaß. Das rächt sich immer auf die eine oder andere Weise.

Zum Sicherungsprinzip gehört auch, dass Sie sich vorsichtig verhalten. Im Flugzeug ist das Präsentationsmaterial immer im Handgepäck zu transportieren. Da gerade Tagungshotels zum Standardziel von Dieben gehören (nirgendwo ist die Notebookdichte höher!), tragen Sie Ihr Material am besten immer im Pilotenkoffer bei sich oder lassen es einschließen – zumindest vor der Präsentation.

Das Alte-Hasen-Prinzip

Neben dem Back-up-Prinzip gibt es ein zweites Prinzip zur Pannenvorbereitung: Erfahrung. Wer viel Erfahrung und Routine im Präsentieren mitbringt, lernt irgendwann, dass er oder sie mit jeder Überraschung fertig wird. Er oder sie hat gelernt, sich auf diese Erfahrung zu verlassen, die ein Gefühl der inneren Sicherheit auch bei großen Pannen verleiht, die flexibel, spontan und kreativ hält.

> Mit der Zeit lernt man, dass es keine Panne gibt, die es nicht gibt. Mir wurde zum Beispiel schon in einer Präsentationspause das Manuskript geklaut. Bei einer anderen Präsentation fielen mir meine (unnummerierten!) Folien vom Pult und gerieten heillos durcheinander. Beim Essen im Auswärtigen Amt kippte ich mir rote Salatsoße auf meinen blauen Hosenanzug. Beim Öffnen eines Markierstiftes spritzte rote Farbe auf das teuerste graue Kostüm, das ich je besessen hatte.

Was für den Neuling der absolute Horror wäre, steckt ein alter Hase dank Erfahrung nonchalant weg. Als das Manuskript weg war, hielt ich die Präsentation eben aus dem Kopf – es kann keiner (außer dem Dieb) den Unterschied bemerken! Das ruinierte graue Kostüm wurde einfach durch das Ersatz-Outfit ersetzt (das frau natürlich immer dabei haben sollte). Das Schlimmste an Pannen ist nicht die Panne an sich, sondern dass Sie falsch reagieren. Indem Sie zum Beispiel ein Drama daraus machen.

Kein Drama, bitte

Schlimmer als jede Panne ist eine falsche, eine unangemessene oder gar keine Reaktion. Wer angesichts einer Panne mit offenem Mund dasteht und hilflos die Schultern hebt, reagiert überhaupt nicht auf die Panne. Wer sich gut vorbereitet hat oder improvisieren kann, bewahrt sich vor dieser Fehlreaktion.

Die weitaus häufigste Fehlreaktion ist die unangemessene Reaktion: Machen Sie das Problem nicht größer, als es ist.

Anfänger

➤ dramatisieren Pannen gerne: »Oh, Mist, jetzt ist das auch noch kaputt. Vorhin ging's doch noch! Heute geht aber auch wirklich alles schief!« Anfänger glauben, dass das menschlich und sympathisch wirkt, dabei wirkt es lediglich unsouverän. Erwähnen Sie die Panne kurz und dann weiter im Text.

➤ machen sich oft Selbstvorwürfe: »Tut mir leid, dass mir dieser Fehler unterlaufen ist.« Keiner mag einen Präsentator, der sich selbst demontiert.

➤ schieben die Schuld einem Sündenbock in die Schuhe. Auch das wirkt kleinmütig und billig.

> **Torpedo-Tipp 34:**
> Wenn Sie kein Drama aus einer Panne machen, macht es auch sonst keiner.
> Wenn Sie sich keinen Vorwurf machen, macht Ihnen auch sonst keiner einen.

Pannen gehören nun mal zum Leben. Also machen Sie kein Drama daraus. Gelassenheit im Angesicht von Pannen ist keine gottgegebene Gabe, sondern eine bewusst angeeignete Fähigkeit. Wenn eine Panne passiert, schalten Sie den inneren Dialog ganz bewusst von der Drama-Tonspur zurück auf die neutrale Beobachter-Tonspur: »Was ist gerade passiert und was kann ich dagegen tun?«

Ignorieren Sie Pannen

Unterscheiden Sie zwischen offensichtlichen und verdeckten, für Zuhörer nicht ersichtliche Pannen. Ignorieren Sie letztere.

Wenn der Beamer nicht hochfährt, ist das eine offensichtliche Panne. Das merkt jeder. Deshalb müssen Sie darauf auch kurz eingehen. Am besten erinnern Sie sich an Torpedo-Tipp 28 und reagieren mit Humor, etwa: »Hoppla, mein Beamer hat noch keine Lust, zu arbeiten.« Wenn Sie dagegen bemerken, dass Sie einen Manuskriptteil komplett vergessen haben zu präsentieren, vergessen Sie es, falls es noch keiner anderer gemerkt hat.

Anfänger beherzigen diesen Rat meist nicht, weil sie ihn nicht kennen. Sie machen aus einer versteckten Panne ein Drama: »Moment mal, da fällt mir gerade auf, dass ich vorhin völlig vergessen habe ... Bitte entschuldigen Sie, das holen wir jetzt sofort nach.« Da stört die Wiedergutmachung mehr als die eigentliche Panne.

Pannen, die keiner außer Ihnen bemerkt, sollten Sie nicht beheben und Ihren Teilnehmern auch nicht auf die Nase binden. Der Schaden ist größer als der Nutzen. Wenn jemandem etwas unklar ist, wird er oder sie schon danach fragen.

Wenn Sie reparieren

Als mir wie erwähnt alle unnummerierten Folien vom Pult fielen und wild verstreut auf dem Boden lagen, musste ich sie natürlich aufheben und neu sortieren.

Wenn Sie eine Panne reparieren können, tun Sie es, eventuell mit eingelegter Pause. Können Sie es nicht, lassen Sie es!

Der zweite Satz ist der wichtigere: Viele Anfänger glauben spontan nach Auftreten einer Panne, dass sie diese sofort und eigenhändig beheben müssen. Sie vergessen dabei, dass sie zwar ein Notebook benutzen können, aber keine Systemexperten sind. Dass sie zwar einen Beamer bedienen können, aber keine Elektriker sind. Deshalb schrauben sie mit zunehmendem Schweiß auf der Stirn unter den immer ungeduldiger werdenden Augen ihrer Teilnehmer immer länger an der Panne herum. Tun Sie's nicht.

1. Entscheiden Sie vorab, was Sie reparieren können und was nicht.

2. Fragen Sie, ob sich ein Teilnehmer damit auskennt.

3. Starten Sie einen Versuch. Wenn es nach zwei Minuten nicht hinhaut, vereinbaren Sie eine kurze Pause mit den Teilnehmern.

4. Wenn es nach der Pause nicht hinhaut, aktivieren Sie Ihr Back-up oder improvisieren Sie.

5. Aktivieren Sie sofort das Back-up, wenn die Zeit knapp ist, wenn eine Reparatur Ihnen einfach zu dumm ist oder eine Reparatur von vornherein aussichtslos ist.

> Für eine unvorhersehbare Panne macht Sie niemand verantwortlich, es sei denn, Sie kleben daran fest.

Pannen sind in dieser Hinsicht wie normale Störungen zu behandeln: Sich kurz darum kümmern, dann aber so schnell wie möglich weiter im Text.

Reparieren Sie sich selbst dann nicht zu Tode, wenn Ihr Lieblingsspielzeug oder das zentrale Instrument Ihrer Präsentation kaputt ging. Die meisten Präsentatoren verlieren wertvolle Zeit über erfolglosen und verkrampften Reparaturbemühungen, weil sie glauben, ohne das XY ihre Präsentation unmöglich erfolgreich halten zu können. Das ist ein Trugschluss! Wenn nach zwei Minuten absehbar ist, dass Sie die Panne nicht oder nur mit unwahrscheinlich viel Glück in den nächsten Minuten beheben können, dann aktivieren Sie die Back-up-Lösung! Denn diese führt Ihre Präsentation zum Erfolg. Das erfolglose Herumbasteln tut das nicht.

Wie gut müssen Sie sein?

> Am Vorabend einer wichtigen Präsentation hatte ich das komplette Equipment sorgfältig geprüft: Alles funktionierte bestens. Als ich am nächsten Morgen um halb neun im Sitzungssaal des Kunden stand, funktionierte der PC des Kunden nicht mehr. Keiner wusste, warum. Also ging ich in die Tiefgarage und holte mein Notebook herauf. Darauf lief die Präsentation nicht so schnell und so toll wie auf dem größeren PC. Doch das störte keinen, im Gegenteil, ich bekam viel Anerkennung: »Wie Sie das wieder hingebogen haben!«

Unvermeidliche Pannen werden Ihnen nicht angekreidet – es sei denn, Sie verhalten sich im Pannenfall unprofessionell.

Ihr Back-up, Ihre Ersatzlösung muss keinesfalls perfekt sein. Sie muss nicht so gut sein wie die Originallösung. Menschen geben sich im Pannenfall gerne mit einem Provisorium zufrieden. Denn sie sind froh, dass es überhaupt weitergeht! Ihre Präsentation fällt nur dann durch, wenn Sie den beliebten Anfängerfehler machen und sagen: »Gestern hat es noch funktioniert, heute nicht. Da kann man halt nichts machen!« Das hilft nicht weiter! Das ist unprofessionell! Und das quittiert das Publikum auch. Wer, wie Goethe sagte, nach einer Panne strebend sich bemüht, der wird auch dafür belohnt.

Bezeichnenderweise ist die Belohnung manchmal überproportional groß. So sagte die Inlandscontrollerin eines Lebensmittelherstellers nach einer Präsentation: »Wenn mir zwischendurch nicht die verdammte Software abgestürzt wäre, hätte ich nach der Präsentation nur halb so viel Applaus bekommen.« Was hatte sie als Pannenbewältigung unternommen? Sie hatte, während sie das System abschaltete, wieder hochfuhr und an die entsprechende Stelle bugsierte, einen zum Thema passenden Witz erzählt. Die anwesenden Manager klopften sich auf die Schenkel. Der Tag war gerettet. Seither hat die Controllerin im Topmanagement einen dicken Stein im Brett. Oder wie der Geschäftsführer kommentierte: »Wer so abgeklärt und souverän reagiert, bringt es weit bei uns.«

War die Controllerin so geistesgegenwärtig? Nein, lediglich so gut vorbereitet: »Ich weiß doch, wie wackelig die Software ist. Und der Witz kursierte seit einigen Tagen unter unseren Kunden.«

Persönliche Panne: Faden verloren!

Selbst geübte Präsentatoren haben oft große Angst vor der persönlichen Blamage. Deshalb sind häufige Fragen auf Präsentationstrainings- und -Coachings:

»Was ist

➤ ... wenn ich den Faden verliere?«

➤ ... wenn ich vor lauter Lampenfieber kaum reden kann?«

➤ ... wenn ich etwas vergesse?«

Auch für persönliche Pannen gilt der eherne Grundsatz aller Störungen: Vorbereitung ist der beste Schutz. Den Faden verlieren können Sie nur dann, wenn Sie ein grottenschlechtes Skript haben, was leider viele Präsentierende betrifft: Sie schreiben sich die falsche Art von Skript, weil sie die ihnen bekannte für die einzige mögliche Art halten. Dabei gibt es jede Menge verschiedene Skriptarten. Es gibt unter anderem Vollskripte, topografische, Stichwort- und Karteikartenskripte. Jeder Mensch kommt mit einem anderen Skripttyp besser zurecht. Wer nicht weiß, welches Skript ihm am besten liegt, bemerkt diese Wissenslücke spätestens während der Präsentation – wenn er oder sie den Faden verliert!

Daher: Lesen Sie sich in die Präsentationsliteratur ein oder holen Sie Tipps ein und entscheiden Sie sich dann für das Skript, das Ihnen liegt. Sie werden erleben: Mit dem richtigen Skript ist es nahezu unmöglich, den Faden zu verlieren. Ein gutes Skript ist wie ein guter Freund: Es lässt einen nicht hängen.

Sollten Sie trotzdem hängen bleiben

Falls Sie trotz gutem Skript hängen bleiben sollten (was selten vorkommt), machen Sie einfach da weiter, wo Sie den nächsten Ansatzpunkt sehen.

Wer sollte denn bemerken, dass Sie kurzzeitig den Faden verloren haben, wenn Sie es nicht verraten? Niemand. Für Ihre Teilnehmer sieht es einfach so aus, als ob Sie eine Kunstpause machten oder Ihre Unterlagen ordneten. Blättern Sie nicht hektisch in Ihrem Skript, suchen Sie nicht nach erklärenden Worten. Machen Sie einfach weiter, wo es sich ergibt. Wenn dadurch eine Verständnisfrage aufgeworfen wird, wird sie schon jemand aus dem Publikum stellen. Spätestens diese Frage lässt Sie dann den Faden wiederfinden.

Wenn Sie genug Selbstvertrauen haben, können Sie auch ganz nonchalant fragen: »Ende des Exkurses – wo waren wir stehen geblieben?« Oder: »Bei welchem

Punkt sind wir stehen geblieben?« Meist wissen das die anwesenden Ordnungs-
menschen, die akribisch den Verlauf Ihrer Präsentation Punkt für Punkt abhaken.
Wenn nicht, ziehen Sie sich – wie immer – mit Humor aus der Affäre: »Keiner
weiß, wo wir sind? Wie gut, dass wenigstens ich es noch weiß.« Danach machen
Sie beim nächstbesten Punkt weiter. Es wird keinem auffallen.

Lampenfieber!

Lampenfieber ist eine persönliche Panne, die weitere Pannen nach sich zieht.
Denn wer nervös ist, baut oft Unfälle oder provoziert Torpedos.

> Es gibt unendlich viele gute Rezepte gegen Lampenfieber. Suchen und finden
> Sie jenes, das wie für Sie geschaffen ist.

Viele Präsentierende verlieren allein durch das, was sie bisher auf diesen Seiten gelesen haben, ihr Lampenfieber: eine gute inhaltliche Vorbereitung plus Prophyla-
xe gegen Torpedos und Pannen. Das ist logisch: Torpedos machen oft am meisten Lampenfieber. Und wer weiß, wie sie zu entschärfen sind, verliert auch seine
Nervosität. Andere benötigen darüber hinaus noch ein oder zwei Rezepte gegen
das Herzklopfen kurz vor dem Auftritt. Am besten bewährt hat sich eine Doppel-
rezeptur:

> Kombinieren Sie das Lampenfieberrezept Ihrer Wahl mit einer betont langsa-
> men und deutlichen Sprechweise. Das macht am besten und schnellsten ruhig
> und gelassen.

Die beliebtesten Rezepte gegen Lampenfieber finden Sie unter den üblichen Ent-
spannungstechniken. Das Verrückte daran: Die meisten Präsentierenden kennen
keine einzige Entspannungstechnik aus der Anwendung! Viele Menschen haben,
so schwer das vorstellbar ist, noch nie etwas von NLP, progressiver Muskelentspannung oder autogenem Training gehört. Um es schonungslos zu sagen: Wer
nicht einmal diese kleine Mühe auf sich nimmt, darf sich über Lampenfieber weder wundern noch beklagen.

> Das Lampenfieberrezept der Formel-1-Piloten: Atmen Sie bewusst tief aus (Bauchatmung) und ein (das tiefe Ausatmen ist wichtiger als das Einatmen). Ziehen Sie dabei die Schultern nach hinten, unten, innen. Nach einem halben Dutzend Atemzügen ebbt die Nervosität merklich ab. Je länger Sie so atmen, desto kleiner wird sie.

Sie verschwindet völlig, wenn Sie mit dieser oder jeder anderen Entspannungs- oder Anti-Stress-Technik etwas Einstellungsarbeit oder Pflege des inneren Dialogs koppeln (s. u. Abschnitt »Eine abgeklärte Einstellung«).

Wie Sie Ihr Lampenfieber auch kontrollieren können: Stellen Sie sich Ihr Lampenfieber als Person vor und begrüßen Sie diese herzlich, wenn sie kommt: »Schön, dass Du da bist, ich wusste ja, dass Du kommen würdest. Bitte stell Dich doch da vorne in die Ecke, von dort aus kannst Du zusehen.« Sie als Präsentator können damit über das Lampenfieber entschieden, nicht das Lampenfieber über Sie.

Äußere Störfaktoren

Heute ist plötzlich eine lärmende Baustelle direkt vor den Saalfenstern, wo gestern noch eine grüne Wiese war. Die Klimaanlage spielt verrückt. Im Stockwerk über Ihnen übt eine Stepptanzklasse. Was tun? Falsch sind die üblichen Spontanreaktionen:

➤ Sich dafür verantwortlich fühlen und sich entschuldigen.

➤ Einfach ignorieren und weitermachen.

Erstens wirkt das unsouverän und zweitens hilft das nicht wirklich weiter.

> Störungen haben Vorrang. Klären Sie zusammen mit Ihren Teilnehmern, was zu machen ist.

Fragen Sie Ihre Teilnehmer:

➤ Stört Sie das oder geht es noch?

➤ Was können wir dagegen unternehmen?

➤ Können wir umziehen?

➤ Sollen wir vertagen?

➤ Oder trotzdem irgendwie weitermachen?

Machen Sie gemeinsam das Beste daraus. Merken Sie sich vor allem: Nicht alles, was Sie stört, stört auch Ihre Teilnehmer. Geraten Sie deshalb nicht wegen jeder umherbrummenden Fliege in Panik. Ein guter Präsentator sollte immer etwas besser sein als sein Publikum. Zumindest sollte er nicht der erste sein, der wegen einer Bagatellstörung nervös wird.

Improvisieren Sie!

Gerade technische Probleme und äußere Störfaktoren verlangen geradezu nach Improvisationstalent. Was machen viele unerfahrene Präsentatoren stattdessen? Sie geraten in Panik oder hadern mit dem Schicksal: »Warum funktioniert das denn jetzt nicht?« Hadern Sie nicht, improvisieren Sie.

> Als draußen plötzlich die Sonne hervorbricht, stellt sich heraus, dass die Verdunkelung ihren Namen nicht verdient und keiner mehr den Bildschirm mit dem Demo-Video erkennen kann. Also schieben wir das TV-Gerät in die einzige dunkle Ecke im Saal und sitzen alle darum herum. »Mit Kaffee und Kuchen wäre es noch gemütlicher«, scherze ich. Den Teilnehmern hat's gefallen. Sie fühlten sich durch die Panne nicht gestört, sondern gut unterhalten.

Seien Sie kreativ und erfinderisch. Lassen Sie sich etwas einfallen. Viele Präsentierende haben damit ein Problem. Wenn die Präsentation nicht so läuft, wie sie sich das vorgestellt haben, geraten sie in Rage oder Panik. Das ist unnötig. Wenn Sie ein Dutzend Präsentationen gehalten haben, werden Sie erkennen, dass keine Präsentation jemals zu hundert Prozent so läuft, wie Sie sich das vorgestellt haben. Merken Sie sich:

> Eine Präsentation ist nicht dann erfolgreich, wenn alles genau so läuft, wie Sie sich das vorgestellt haben, sondern wenn Sie mit allem, was dabei auftaucht, professionell umgehen (können!).

Pedant oder Profi?

Pedanterie wirkt schwächer auf Ihr Publikum als Professionalität. Wenn Sie gewissenhaft wie ein Beamter Ihr Soll abspulen, dann hat das weniger Unterhaltungswert, als wenn Sie eine Panne humorvoll und souverän meistern. Das beeindruckt (oft stärker als der Inhalt). Präsentationen sind wie das wirkliche Leben auch: Es geht nicht darum, an einem vorgefassten Plan zu kleben, sondern das Beste aus dem zu machen, was kommt.

Wenn Sie eher jemand sind, der gern und oft viel zu sehr am vorgefassten Schema klebt und sich mit der spontanen Meisterung von Pannen schwer tut, dann probieren Sie Flexibilität und Kreativität einfach mal bei ganz kleinen Pannen und Planabweichungen aus. Sie werden erleben, wie so eine gewollte Abweichung vom Geplanten auch ungeheuer befreiend wirkt, Druck und Stress von Ihnen nimmt und Sie locker und befreit auftreten lässt. Dieses gute Gefühl motiviert Sie, künftig noch lockerer zu sein.

Scherz statt Panne

Manche Pannen sehen nur so aus. Bei einer Präsentation vor einem besonders aufgedrehten Haufen Kreativer hatte ich plötzlich meine Fernbedienung verlegt. Dann fing auch noch der Beamer an zu spinnen! Als meine wilde Suche nach der Remote Control und die unaufhaltsame Bilderflut des Beamers zu immer mehr Heiterkeit führte, kriegte ich langsam mit, welches Spiel im Gange war: Ein Scherzkeks hatte die Fernbedienung geklaut und ließ nun den Beamer verrückt spielen.

Ein unvorbereiteter Präsentator kann bei solchen Scherzen schon mal ausrasten oder stinkig reagieren – was schlecht ankommt und ihm hinterher auch meist leidtut. Denn Ausrasten oder Schmollen sind typische Oberlehrerreaktionen. Und Oberlehrer sind nicht wirklich beliebt.

»Ich möchte nicht beliebt sein«, wandte an dieser Stelle mal ein Seminarteilnehmer ein, »bei Präsentationen geht es nicht um Beliebtheit, sondern um Inhalte!« Das ist ein fantastischer Irrtum, der unbeabsichtigt durch viele Bücher und Seminare propagiert wird, allein weil sie sich oft ausschließlich auf Inhaltsgestaltung und Medienwahl konzentrieren. Natürlich sind die Inhalte wichtiger als die Unterhaltung. Doch für Kinofilme wie für Präsentationen gilt:

> Wenn Sie nicht ein wenig unterhalten und sympathisch wirken, können Sie Ihre Inhalte nicht rüberbringen – weil niemand einem stinkunsympathischen Langweiler etwas abkauft.

Das weiß übrigens jeder Verkäufer. Präsentatoren sind in dieser speziellen Hinsicht auch im Verkauf tätig: Sie wollen etwas rüberbringen. Das geht nicht, wenn Sie unsympathisch wirken.

Wie Sie mit Scherzpannen umgehen

Torpedo-Tipp 35:

Bevor Sie bei einer Panne im eigenen Saft zu schmoren beginnen, fragen Sie das Publikum.

Machen Sie sich keine Gedanken wegen der Formulierung. Fragen Sie einfach geradeheraus: »Ich scheine die Fernbedienung verlegt zu haben, wer sieht sie?« »Ich habe keine Ahnung, weshalb der Beamer verrückt spielt, wer hat eine Idee?« Wenn es kein Scherz ist, hilft man Ihnen gerne weiter. Wenn es einer ist, hilft man Ihnen auf die Sprünge und lüftet das Geheimnis. Richtige Reaktion darauf? »Be a good sport«, sagen die Briten: Seien Sie um Himmels willen bloß kein Spielverderber!

Lachen, lächeln oder schmunzeln Sie mit dem Publikum mit – auch wenn Ihnen innerlich gar nicht danach ist! Eine der Erfolgsregeln für Präsentationen kommt direkt aus dem Showbizz: Gib dem Publikum, was es sich wünscht! Viele Präsentierende haben damit ein Problem. Im Grunde ihres Herzens möchten sie dem Publikum das geben, was wichtig ist, was nötig ist und was es wissen muss, was wesentlich für das Verständnis ist. Das ist gut und schön – aber niemals gegen den Willen des Publikums machbar!

Wenn das Publikum nun eben mal zu Scherzen aufgelegt ist, spielen Sie einfach mit. Sie müssen keine Angst haben, dass das dann »einreißt« und nur noch gescherzt wird. Je schneller Sie mitspielen, desto eher ist das Publikum zufrieden und desto schneller geht es wieder zur Tagesordnung über. Seien Sie froh, wenn das Publikum scherzt. Dann kommen Sie wenigstens an. Ein scherzendes Publikum ist besser als eines, das zu Tode gelangweilt in den Stuhlreihen lümmelt und Sie still und leise verwünscht.

Keine Wertungen!

Eine gute Vorbereitung ist wesentlich für die Pannenvermeidung. Eine gute Einstellung ebenso. Auch Pannen sind Einstellungssache. Eine der besten Einstellungen:

Torpedo-Tipp 36:

Verkneifen Sie sich Wertungen!

»So ein Mist aber auch, warum funktioniert jetzt dieser Lautsprecher nicht?« Solche Wertungen rutschen einem zwar manchmal spontan raus, sie wirken jedoch äußerst unsouverän, erhöhen die Nervosität und bringen sachlich nicht wirklich weiter.

Der Mensch ist das einzige Wesen, das zwischen Wahrnehmung und Wertung unterscheiden kann. Machen Sie davon Gebrauch! Wertungen sind nicht angeboren, sondern eine schlechte Angewohnheit. Gewöhnen Sie sich an, auf Wertungen zu verzichten.

So wie Sie es sich angewöhnt haben, auf Torpedos und Pannen mit Wertungen zu reagieren, so können Sie sich auch angewöhnen, darauf mit distanzierter Beobachtung, mit reiner, neutraler, wertungsfreier Kenntnisnahme zu reagieren: »Aha, der Beamer ist defekt.« »Soso, der Big Boss mag meine Charts nicht.« Wer in Buddhismus oder Zen bewandert ist, erkennt darin eine prägende Geisteshaltung, die den Unterschied zwischen äußerem Unglück und innerem Leiden ausmacht.

Bei der Vorstellungsrunde vor einer Präsentation sagte eine Teilnehmerin: »Mein Name ist ... Ich arbeite bei ... Und ich bin lesbisch.« Alle guckten irgendwie ratlos und einige Teilnehmer gerieten sichtlich aus der Fassung. Ich wusste, wenn ich jetzt eine Wertung treffe, verliere ich auch die Fassung. Also nahm ich die Meldung einfach nur zur Kenntnis: »Danke für den Hinweis.«

Sie werden erleben, wie eine wertungsfreie Einstellung Sie innerlich befreit und den Druck von Ihnen nimmt. Wer nicht in den Strudel der Dinge gerissen, von seinen Emotionen fortgetragen wird, sondern kühl beobachtend über den Dingen stehen kann, ist innerlich frei und wirkt souverän.

Eine abgeklärte Einstellung

Wenn Sie aus diesem Kapitel nur eine Sache mitnehmen wollten oder könnten, würde es diese sein:

Das Beste gegen Pannen sind eine gute Vorbereitung und eine gute Einstellung.

Wer sich vorbereitet, erlebt weniger Pannen. Diese wenigen Pannen meistert er oder sie umso leichter und eindrucksvoller, je wertungsfreier, souveräner, gelassener, distanzierter, selbstsicherer und humorvoller er oder sie eingestellt ist. Zu dieser förderlichen Einstellung gelangt niemand über Nacht. Sie will erworben werden. Besonders wirksam und nützlich ist dabei der innere Monolog, die Gestaltung der eigenen Glaubenssätze wie:

»Pannen gehören dazu. Ich bin auf alle Eventualitäten vorbereitet.«

»Ich habe schon so viele Pannen gemeistert – diese Erfahrung gibt mir Sicherheit.«

»Mir ist bislang noch immer etwas eingefallen. Im Improvisieren bin ich gut!«

»An Pannen bin ich nicht schuld. Aber ich bin dafür verantwortlich, das Beste daraus zu machen.«

Kopfbesitzer oder Kopfbenutzer?

Die meisten Menschen schaffen diese Gestaltung der inneren Erfolgstonspur nicht, weil sie sie mit positivem Denken verwechseln: »Das haut schon irgendwie hin!« »Du schaffst es, wenn du es nur ganz fest willst.« Das funktioniert nicht, weil es jeglicher realen Grundlage entbehrt. Das merken Sie schon daran, dass Sie sich solche Sätze hundertmal sagen können und danach immer noch nicht so recht an sie glauben.

Wenn Sie sich dagegen nach einer gründlichen Pannenprophylaxe sagen »Ich bin auf alle Eventualitäten vorbereitet!«, dann stimmt das, fußt ganz real auf Ihrer konkreten Vorbereitung. Deshalb können Sie es auch glauben. Deshalb beruhigt es Sie. Deshalb funktioniert diese Einstellung überhaupt.

> Einstellungen funktionieren nur auf realem Hintergrund.

Eine Einstellung ist kein frommer Wunsch – auch wenn viele Menschen das annehmen.

Kapitel-Resümee: Pannen vermeiden und meistern

Torpedo-Tipp 31:
Betreiben Sie umfängliche bis pingelige Pannenprophylaxe!

Torpedo-Tipp 32:
Bauen Sie üppig Zeitpuffer ein!

Torpedo-Tipp 33:
Erfahrene Präsentatoren wissen: Es ist immer was! Es geht nie ganz ohne Pannen ab!

Torpedo-Tipp 34:

Wenn Sie kein Drama aus einer Panne machen, macht es auch sonst keiner. Wenn Sie sich keinen Vorwurf wegen einer Panne machen, macht Ihnen auch sonst keiner einen.

Torpedo-Tipp 35:

Bevor Sie bei einer Panne im eigenen Saft zu schmoren beginnen, fragen Sie das Publikum.

Torpedo-Tipp 36:

Verkneifen Sie sich Wertungen!

6   Der Chef-Torpedo

Chef-Torpedos schmerzen besonders

Es macht einen Riesenunterschied, wer stört. Wenn ein Kollege einen Witz auf Ihre Kosten macht, mag das noch angehen. Wenn es der Big Boss tut, wird das dagegen von den meisten Präsentatoren als öffentliche Demütigung empfunden.

> Chefs stören meist nicht anders als »normale« Menschen – doch die Wirkung wird völlig anders empfunden!

Warum? Weil bei Chef-Torpedos immer der Angstfaktor mitspielt: Der Chef ist immerhin Herr über den Arbeitsplatz des Präsentators und kann ihm – so fürchten viele – in letzter Konsequenz auch den Stuhl vor die Tür stellen. Der Angstfaktor erklärt, warum Präsentatoren gleich doppelt nervös werden, wenn sie erfahren, dass sich ein Vorgesetzter für ihre Präsentation angekündigt hat. Ein bisschen Angst vor großen Tieren ist normal, zu viel Angst ist ungesund (und ein negativer Prädiktor für Präsentationserfolg). Bringen Sie Ihre Befürchtungen auf ein rationales Niveau herunter, indem Sie folgenden Tipp beherzigen:

> **Torpedo-Tipp 37:**
> Erinnern Sie sich daran, dass der Chef Sie nicht gleich kündigt, auch wenn Sie mal eine Präsentation verhauen – das beruhigt ungemein.

Übrigens: Wenn Sie im Folgenden »Chef« lesen, ist damit nicht nur Ihr direkter Vorgesetzter gemeint, sondern jeder, der einen höheren Rang hat als Sie und deshalb nicht wie ein normaler Zuhörer behandelt werden kann. Manchmal ist man auch vor Schlüsselkunden, sogenannten Key Accounts, ebenso nervös wie vor eigenen Chefs. Auch für solche Fälle gelten die folgenden Tipps und Ratschläge.

Ein guter Chef

Wie ist Ihr Chef? Diese Frage ist entscheidend für Ihre Torpedo-Vorbereitung. Wenn Sie einen (bitte ankreuzen)

- ❑ kollegialen,
- ❑ menschlichen,
- ❑ freundlichen,
- ❑ moderaten,
- ❑ fairen,
- ❑ zuverlässigen,
- ❑ konstruktiven,
- ❑ relativ objektiven

Chef haben, haben Sie einen »guten« Chef. Wohlgemerkt: Auch gute Chefs stören manchmal.

> **Gestehen Sie auch einem guten Chef zu, dass er stört.**

Eben so wie jeder andere Teilnehmer auch! Deshalb können Sie ihn auch so behandeln. Das heißt: Die vorangegangenen Kapitel über Torpedos sind auf so einen Chef direkt anwendbar, mit einer Ergänzung:

> **Geben Sie einem guten Chef einen Chef-Bonus.**

Behandeln Sie seine Störungen so wie in den vorangegangenen Kapiteln besprochen. Geben Sie ihm dabei jedoch immer das Gefühl, dass er der Chef ist. Behandeln Sie ihn also besonders höflich, freundlich, wertschätzend, respektvoll. Auch einem guten Chef tun Höflichkeit und Streicheleinheiten gut.

Leider hat nicht jede(r) so einen Chef.

Unfaire Chefs

Wenn ein Kollege mitten in Ihrer Präsentation einen Witz über Sie reißt, ist das zwar auch nicht ganz koscher, aber mit etwas Humor (s. Torpedo-Tipp 28) gut zu nehmen. Wenn der Chef Sie lächerlich macht, ist das wegen seiner gehobenen Position ein klarer Verstoß gegen den Verhaltenskodex in einer zivilisierten Gesellschaft. Es ist billig und unfair. Es ist ein Missbrauch seiner Position aus niederen Beweggründen. Es ist unmoralisch. Doch einen unmoralischen Chef juckt das Moralargument wenig. Das ist nicht seine Schuld allein: Macht korrumpiert, sagt das Sprichwort. Es ist sehr schwer, Manager zu werden und trotzdem ein anständiger Mensch zu bleiben (aber das ist ein anderes heißes Thema).

> Die Frage ist nicht, ob ein Chef unfair stören darf – er darf es moralisch nicht. Die Frage ist eher: Wie gehen Sie damit um?

Viele Präsentatoren ziehen sich nach unfairen Chef-Übergriffen entrüstet auf das moralische Podest zurück: »Das ist einfach unfair. Was bildet der sich eigentlich ein?« Die Entrüstung ist gerechtfertigt. Doch sie nützt Ihnen nichts!

> Von einem deutschen Konzern berichteten Business-Blätter wiederholt, dass bei Präsentationen vor dem Vorstand ausgewachsene Bereichsleiter mit feuchten Augen und vor Wut zitternd aus dem Sitzungssaal liefen.

Die kannten Torpedo-Tipp 38 noch nicht!

Torpedo-Tipp 38:

Entrüsten Sie sich ruhig über einen unfairen Chef – aber bereiten Sie sich vor allem auf seine Torpedos vor!

Unfaire Chefs sind in dieser Hinsicht einfacher einzuschätzen als normale Störer: Man kann relativ zuverlässig sagen, dass, warum und wie sie stören werden. Nutzen Sie diesen Vorteil. Einfacher Tipp? Zu einfach. So einfach, dass ihn sogar Topmanager manchmal nicht kennen oder nicht anwenden.

> Jüngst sagte ein Bereichsleiter zu mir: »Übermorgen halte ich vor dem Aufsichts-ratschef, der fiesen Kanaille, eine Präsentation. Der hatte bislang an jeder Markt-Projektion was auszusetzen!« Und? Wie hat sich der Topmanager auf diesen Torpedo vorbereitet? »Wie? Vorbereitet? Da muss man halt durch, das sind eben die Kehrseiten des Jobs.«

Nein, das sind sie nicht. Nicht mit einer guten Torpedo-Abwehr. Der Bereichslei-ter bereitete sich also entsprechend vor. Hinterher rief er an: »Sie werden es wahr-scheinlich schon ahnen: Nach meinen zehn Minuten hat der Aufsichtsrat mir das Daumen-hoch-Zeichen gegeben. Das hat er sonst noch nie gemacht!«

Chef-Torpedos sind Einstellungssache

Wie viel Angst ein Präsentator vor Chef-Torpedos hat und wie sehr sie ihn bei ih-rem Einschlag verunsichern, hängt nicht nur vom Chef ab. »It takes two to tan-go.«, sagen die Amerikaner – es hängt immer auch vom Präsentator selbst ab, und zwar vom Selbstwertgefühl des Präsentators und von seiner Vorbereitung (s. u.).

> Je größer das Selbstwertgefühl des Präsentators, desto weniger tangieren ihn auch grobe Chef-Torpedos.

Interessanterweise ist das Selbstwertgefühl eines Präsentators nur schwach ab-hängig von seiner Fachkompetenz, seiner Position, Erfahrung, Bildung oder sei-nen Dienstjahren. Ich kenne eine Menge Mitglieder von Geschäftsführungen oder Vorständen, die vor einer wichtigen Präsentation Blut und Wasser schwit-zen. Psychologisch stark vereinfacht gesprochen hängt das Selbstwertgefühl eines Präsentators fast ausschließlich an seiner Einstellung, das heißt seinen Glaubens-sätzen. Schwache Präsentatoren glauben Dinge wie:

»Ich weiß noch so vieles nicht über mein Thema!«

»Wenn mich einer was fragt, was sage ich dann?«

»Der Chef ist so viel erfahrener als ich!«

»Der durchschaut mich doch sofort!«

»Der Chef muss doch merken, dass ich nichts drauf habe!«

»Ich bin nur ein kleines Würstchen und er der große Boss!«

Der traurige Witz daran: Die meisten Präsentatoren registrieren diese Einflüsterungen des inneren Monologs noch nicht einmal als solche – sie halten sie für die blanke Wahrheit! Weil Glaubenssätze unbewusst flüstern. Deshalb:

> Machen Sie sich vor Chef-Präsentationen Ihre unbewusste Einstellung bewusst, dann kann sie Sie nicht mehr unterbewusst torpedieren.

Sobald Sie sich des destruktiven inneren Monologs bewusst sind, ersetzen Sie ihn durch einen konstruktiven.

> Selbstbewusste Präsentatoren denken:
>
> »Der Chef hat sich keine zig Stunden vorbereitet!«
>
> »Ich kenne doch seine Macken, ich kann damit umgehen.«
>
> »Er stört mich nicht wirklich, er möchte sich nur profilieren.«
>
> »Im Alltag bin ich vielleicht nur Angestellter – doch für diese Präsentation bin ich der Experte, also trete ich auch so auf!«
>
> »Ich bin interner Dienstleister und er interner Kunde – also behandle ich ihn wie jeden Kunden auch.«
>
> »Im Alltag ist er mir übergeordnet. Doch bei der Präsentation habe ich den größeren Durchblick. Also verstecke ich mich nicht.«

Eine konstruktive Einstellung kommt nicht über Nacht oder per Entschluss. Deshalb heißt die Devise: »Einstellungsarbeit«: Wenn Sie daran arbeiten, stellt sich auch die konstruktive Einstellung ein:

➤ Welche der obigen Glaubenssätze finden Sie gut?

➤ Welche möchten Sie übernehmen?

➤ Wie möchten Sie sie modifizieren, damit sie ganz zu Ihnen passen?

Mit Ihrer neu erarbeiteten positiven Einstellung im Hinterkopf werden Sie

➤ Chef-Torpedos viel gelassener entgegen sehen,

➤ es nur noch halb so schwer nehmen, wenn sie einschlagen,

➤ Chef-Torpedos schnell und mühelos bereinigen können,

➤ sich souverän und sicher dabei fühlen,

➤ sogar Spaß dabei haben,

➤ sich vor dem Publikum als Chefbändiger profilieren,

➤ ein viel besseres Verhältnis zum Chef bekommen.

Denn Vorgesetzte respektieren und honorieren Mitarbeiter, die gut mit ihnen umgehen können und sich nicht anstellen, zicken oder alles mit sich machen lassen.

> Vorsicht! Viele unsichere Präsentierende überkompensieren in Anwesenheit des Chefs und treten dann besonders überzeugend auf, wie sie meinen. Um den Chef zu beeindrucken. Tatsächlich kommt das beim Chef als nassforsch und überheblich an. Sie kennen sich am besten: Neigen Sie zu dieser Übertreibung? Gewöhnen Sie sich das ab!

Reizen Sie den Chef nicht!

> Wöchentlich höre ich eine Geschichte wie folgende: Leonard ist Doktor und Abteilungsleiter in einem Pharma-Unternehmen. Völlig geknickt kommt er ins Coaching:
>
> »Der Chef hat mir vor versammeltem Management den Kopf gewaschen.«
>
> »Was hat er denn gesagt?«
>
> »Dass meine Präsentation unzumutbar gewesen sei. Wie gewinne ich jetzt sein Vertrauen zurück?«
>
> »Nicht so schnell, was genau hat ihn denn gestört?«
>
> »Hm, na ja, so genau hat er das nicht gesagt.«

»Wann haben Sie die ersten Anzeichen seiner Unzufriedenheit entdeckt?«

»Hm, schon ganz zu Beginn, als ich die vielen neuen Möglichkeiten des neuen Produkts aufzählte.«

»Mag Ihr Chef denn sonst Aufzählungen von vielen neuen Möglichkeiten?«

»Jetzt wo Sie das fragen ... Nein, er beschwert sich immer, dass wir zu abgehoben seien und er einzig und allein auf die Ergebnisse der klinischen Studien Wert legt ... Aber die Möglichkeiten sind es doch, die uns Märkte eröffnen!«

Ist das zu fassen? Da weiß Leonard doch, dass sein Chef ein totaler Pragmatiker ist, der mit Visionen, Strategien und hübschen neuen Möglichkeiten nichts am Hut hat, und trotzdem tritt er in die Falle und provoziert den Chef geradezu zum Torpedo-Abschuss! Warum? Weil seine Torpedo-Vorbereitung Lücken aufweist.

> Sitzt ein hoher Hierarch im Publikum, machen Sie eine separate Torpedo-Vorbereitung nur für ihn!

Das heißt ganz konkret: Kopieren Sie sich das Formblatt Störer-Steckbrief (s. Kapitel 1) und erstellen Sie für jeden anwesenden Vorgesetzten einen eigenen Steckbrief. Danach wissen Sie, was zu tun ist! Mit diesem Wissen vermeiden Sie 50 bis 90 Prozent der potenziellen Chef-Torpedos. Das merken übrigens auch Ihre Zuhörer. Sie geben Rückmeldungen wie: »Jeden von uns hat der Chef da vorne schon mal verrissen – nur bei dir ist er handzahm! Wie machst du das denn?« Mit Steckbrief!

> Der Vorstandssprecher eines Konzerns ist bekannt dafür, dass er exakt fünf Minuten vor Präsentationsbeginn vor der Saaltür steht, eine Minute vor Beginn sich in die erste Reihe setzt und bei jeder Sekunde Verspätung den Präsentator erst mal stört: »Nehmen Sie es mit Ihren Inhalten auch so ungenau wie mit der Uhrzeit?« Die meisten Präsentatoren finden das »affig, spießig und kleinlich!« – und werden regelmäßig torpediert! Nicht Barbara. Sie sagt: »Also einfacher kann er mir die Torpedo-Abwehr nicht mehr machen! Ich bin zehn Minuten vor Beginn vor der Tür, warte auf ihn, begrüße ihn freundlich, gehe dann zwei Minuten vor Beginn ans Pult, beginne auf die Sekunde genau mit meinem Vortrag und raunze jeden an, der auch nur eine Sekunde zu spät kommt. Der Vorstandssprecher grinst während der ganzen Zeit selig wie ein Rauschgoldengel!«

Der Chef macht sich über Sie lustig

Weil wir es bereits angesprochen haben: Wie verhalten Sie sich, wenn der Chef einen Witz auf Ihre Kosten macht? Wenn ein Kollege den Witz machen würde, könnten Sie demonstrativ gequält lächeln, sich unterm Arm kratzen und unlustig »Haha« machen, damit dem Störer und allen Teilnehmern klar ist, dass Sie sich nicht Ihren Schneid abkaufen lassen. Beim Chef ist diese Torpedo-Abwehr nicht zu empfehlen. Ein unfairer Chef würde Mimik und Gestik als Provokation auffassen!

Also, was tun? Erinnern Sie sich an Torpedo-Tipp 13: Bekämpfen Sie nicht die Störung, sondern die Ursache der Störung. Die meisten Chefs haben ein Leitmotiv für Störungen: Profilierung! Auch und gerade auf Kosten von Untergebenen – denn nirgends ist es so leicht, Treffer zu landen, wie bei einem Gegner, der sich nicht wehren kann.

> Reißt der Chef einen Witz über Sie oder Ihre Präsentation, lachen Sie mit.

Das erscheint zwar auf den ersten Blick etwas masochistisch, leuchtet aber beim Abwägen der Alternativen ein: Wenn Sie getroffen und zerknirscht reagieren, sind Sie beim Publikum und vor sich selbst unten durch. Außerdem merkt der Chef, dass er das mit Ihnen machen kann, weshalb er es nun öfters mit Ihnen macht. Er hat ein kommodes Opfer gefunden.

Selbst wenn Sie souverän und distanziert reagieren und missbilligend die Augenbraue hochziehen, fühlt ein schwacher Chef sich davon provoziert. Also seien Sie kein Spielverderber, sondern spielen Sie mit. Lachen Sie mit. Nehmen Sie es mit Humor. Das kostet Sie nur ein Lächeln, gibt dem Chef aber die Profilierung, auf die er aus ist. Danach weiter im Text.

Der Chef als Co-Präsentator

Wenn dem Chef Ihr Thema gefällt, dann nimmt er Ihnen auch schon mal das Heft aus der Hand und erzählt seine Version davon – auch wenn er wenig kompetent darüber berichten kann. Was tun? Es ist zunächst klar, was Sie nicht tun können. Sie können ihn nicht wie einen normalen Störer behandeln, Sie können ihm nicht sagen, dass das Ihre Show ist und er den Mund halten soll, Sie können ihm wahrscheinlich nicht sagen, dass sein Vortrag auf Kosten Ihrer Zeit geht, Sie können möglicherweise noch nicht einmal ungeduldig und signalhaft auf die Uhr schauen (weil ihn auch das lediglich zu einem weiteren Torpedo-Abschuss provoziert). Sie können jedoch drei Dinge tun:

1. Wenn der Chef ein »Kurzatmer« ist und alle Nase lang kleine Zwischenbemerkungen einschiebt, erinnern Sie sich an Torpedo-Tipp 4: So schnell wie möglich weiter im Text! Also nicht den Chef korrigieren (auch und gerade dann, wenn er sachlich daneben liegt!), keine zeitraubende Diskussion anfangen, einfach nur anerkennend quittieren: »Ja, das muss man dabei auch beachten.«, »Ganz recht, das stimmt natürlich.« – und dann einfach ungerührt weiter machen.

2. Wenn der Chef ein »Langatmer« ist, also langatmige Einschübe macht, bei denen er minutenlang kein Ende findet, brechen Sie deutlich sichtbar ab. Das heißt nicht, dass Sie Ihre Unterlagen zusammenpacken und das Podium verlassen sollten. Das wäre eine Provokation. Aber Sie können vom Podium zurücktreten, auch den Projektor oder Beamer abschalten und demonstrativ schweigen. Wenn der Chef nicht allzu benommen von seinem eigenen Redefluss ist, wird er die nonverbalen Signale wahrnehmen und sich selbst Einhalt gebieten.

3. Reißt der Chef die Initiative völlig an sich und bekommen Sie ein echtes Zeitproblem, sagen Sie, sobald er irgendwann eine Atempause einlegt: »Wir haben jetzt ein Zeitproblem. In der restlichen Zeit bekomme ich meine Präsentation nicht durch. Aber ich denke, Sie haben ja alles Wesentliche angesprochen. Wenn keine Fragen sind, war's das von meiner Seite.« Widerspricht der Chef nicht, haben Sie sich elegant aus der Affäre gezogen – denn eine Präsentation, die vom Chef so gründlich torpediert wird, brauchen Sie nicht wirklich. Widerspricht er dagegen, haben Sie die offizielle Erlaubnis, weiterzumachen und nach Herzenslust zu überziehen. Keiner wird sich trauen, auf die Uhr zu schauen, weil Sie eine Cheferlaubnis haben. Damit haben Sie den Torpedo so abgefangen, dass Sie auch noch einen Gewinn davon haben! Das ist Bundesliga-Niveau beim Torpedo-Spiel.

Der Rechthaber-Chef

Torpedo-Tipp 39:
Je besser Sie den Chef verstehen, desto eher können Sie seine Torpedos vorausberechnen und kontern und desto weniger macht Ihnen das etwas aus.

Manche Chefs unterbrechen Sie alle zwei Minuten, um etwas richtigzustellen: Rechthaber, Besserwisser, Oberlehrer. Warum kommt einem da spontan die Galle hoch? Weil man natürlich annimmt, der Chef macht das, um den Präsentator persönlich zu demütigen. Das ist in aller Regel falsch. Der Chef macht das, weil in seinem Kopf das Tonband läuft: »Ein guter Vorgesetzter muss alles besser wissen, können und machen als seine Mitarbeiter!« Es ist ein innerer Zwang, unter dem der Chef oft stärker leidet als Sie. Mit dieser Erkenntnis im Hinterkopf empfinden Sie Rechthaber-Chef-Torpedos nur noch als halb so schlimm. Oder wie ein Ingenieur bei einem Anlagenbauer sagt: »Im Grunde habe ich Mitleid mit dem armen Kerl, wenn er sich ständig so profilieren muss. Das muss doch stressig sein!« Was tun Sie, wenn er alle zwei Minuten recht haben will? Sie lassen ihm seinen Willen.

Sie können die Rechthaberei auch einschränken. Nicht, indem Sie sie bekämpfen, sondern indem Sie sich an Torpedo-Tipp 13 erinnern: Ursachen behandeln! Die Ursache für die Störung: Der Chef will Anerkennung. Also bauchpinseln Sie ihn: »Danke für die Zwischenmeldung!«, »Da scheint Ihre jahrelange Erfahrung mit dem Thema durch.« »Ganz recht, das ist sehr wichtig.«

> Auch wenn der Chef Sie besserwisserisch korrigiert, tun Sie einfach so, als ob er Sie bestätigt und Sie ihm voll beipflichten.

Wenn Sie diese Technik etwas zu weich finden, können Sie auch Tacheles reden: »Herr Direktor Meier, ich möchte Ihren Enthusiasmus nicht bremsen. Doch einerseits bekommen wir langsam ein Zeitproblem und andererseits möchte ich an Ihre Fairness appellieren, es mir einfacher zu machen, den roten Faden zu behalten. Ein Vorschlag zur Güte: Wir diskutieren Ihre Anmerkungen allesamt in der anschließenden Diskussion.« Und dann weiter im Text. Das ist souverän, deutlich und trotzdem höflich.

Bleibt der Chef selbst nach diesem Klartext unbelehrbar und redet weiter, brechen Sie die Präsentation wie oben erläutert ab und melden sich nie wieder für eine Präsentation – es sei denn, er quasselt nur bei Ihnen dazwischen. Dann finden Sie heraus, was die anderen anders machen. Meist quasselt so ein Chef jedoch bei allen dazwischen, weshalb Präsentationen in solchen Firmen schnell aussterben, weil sich keiner mehr freiwillig meldet.

Eine sehr reife Intervention ist das klärende Gespräch: Geben Sie dem Chef vorwurfsfreies Feedback unter vier Augen. Sagen Sie ihm, wie Sie seine Einwürfe empfinden und welches Zeitproblem das verursacht. Ist der Chef einsichtig, können Sie es nochmals mit ihm versuchen. Das nennt man übrigens Führung von unten (ein hoch interessantes Thema). Starke Chefs schätzen das, denn sie fordern und fördern unternehmerisch denkende Mitarbeiter.

Der Chefcholeriker

Es tritt seltener auf als Gewerkschaftsvertreter kolportieren, doch manchmal hat man einen Choleriker als Chef. Wenn er ausrastet, persönlich wird und unter die Gürtellinie geht:

1. Lassen Sie den Sturm vorüberziehen, schauen Sie ihm einfach neutral ins Gesicht. Wer peinlich berührt wegschaut, sendet unbewusst eine Demutsgeste, die ihn zur Ausschweifung einlädt. Wer freundlich lächelt, provoziert ihn ungewollt. Rechtfertigen Sie sich bloß nicht! Ein Choleriker will das nicht hören (wie Sie sicher schon bemerkt haben). Er will lediglich Dampf ablassen. Diesen Gefallen können Sie ihm als souveräner Präsentator tun. Denn als solcher sind Sie Dienstleister, Coach und Seelsorger in einem. Wenn Sie wirklich gut sind, gehen Sie sogar freundlich auf ihn ein: »Ich verstehe, dass Sie das aufregt. Dieses Thema ist wirklich ärgerlich.« Wohlgemerkt: Das sagen Sie selbst und gerade dann, wenn er Sie persönlich angreift. Mit diesem cleveren rhetorischen Trick lenken Sie den Fokus von sich weg aufs Thema.

2. Wenn Sie dieses Vorgehen nicht mir Ihrer Selbstachtung vereinbaren können und der Meinung sind, dass Sie sich so etwas nicht bieten lassen müssen, reden Sie Tacheles: »Seien Sie versichert, dass ich nicht hier stehe, um Sie aufzuregen. Ich habe den Eindruck, Sie sehen manches anders als ich. Das ist aus meiner Sicht in Ordnung. Ich wünsche mir lediglich, dass wir auch bei Differenzen sachlich bleiben.« Keine Erwiderung abwarten, einfach weiter im Text. Standard-Choleriker sehen ein, dass sie sich im Ton vergriffen haben, und geben Ruhe. Alle anderen geben Ihnen Kontra. Dann wenden Sie die Technik unter 1. an.

Der Chef kommt zu spät

Wenn der Chef noch nicht da ist, fangen Sie dann trotzdem an? Ja. Sie geben ihm fünf Minuten, dann fangen Sie an. Damit beugen Sie einem typischen Torpedo zu spät kommender Chefs vor: »Warum haben Sie nicht schon ohne mich angefangen?«

Was machen Sie, wenn der Vorgesetzte dann mit Verspätung eintrudelt? Sie können ihn ignorieren. Vielleicht stellt er auch eine Frage, um leichter einsteigen zu können; dann beantworten Sie diese souverän. Sie können ihm, wenn Sie wirklich gut sind, diesen Einstieg auch von sich aus geben: »Herr Dr. Meier, wir haben eben kurz die Ausgangslage besprochen, wie sie Ihnen aus dem Memo von letzter Woche bekannt ist und wie Sie sie zusammengefasst auf meinem Handout mit der Nummer 3 ersehen können.« Dann weiter im Text.

Das vernichtende Pauschalurteil

»Das ist doch alles Quatsch«, sagt der Big Boss nach der Präsentation oder mittendrin. Präsentatoren ohne Torpedo-Abwehr gehen danach innerlich k. o., quälen sich durch den Rest der Präsentation und kommen zum Schluss: »Katastrophe! Totalabschuss!« Im Slang des Flurfunks heißt das auch: »Der Chef hat ihn vom Seil geschossen!« Das ist Unfug!

Der Abschuss kommt nicht durch den Torpedo zustande, sondern durch die Hilflosigkeit, mit der ein Präsentator damit umgeht! Erinnern Sie sich an Torpedo-Tipp 22: Killerphrasen immer wortwörtlich nehmen und fragend spezifizieren lassen. »Was genau missfällt Ihnen denn?« Anerkennen Sie seine Antwort, reden Sie kurz darüber – dann einfach weiter im Text. So machen Sie aus einer »Katastrophe« einen ganz trivialen Wortwechsel, an den sich nachher keiner mehr erinnern kann – außer Sie selbst, wenn Sie sich zu Ihrer Geistesgegenwart und überragenden Torpedo-Abwehr gratulieren.

Chefs, die rascheln

Manchmal betätigt sich ein Vorgesetzter als Unruhestifter, raschelt, blättert oder führt vernehmlich Nebengespräche. Das ist unsensibel. Aber sind wir das nicht alle manchmal? Ein Vorgesetzter sollte Vorbild sein. Aber, sagen Sie ehrlich, wann hatten Sie das letzte Mal einen Vorgesetzten mit Vorbildcharakter? Auch Vorgesetzte sind nur Menschen. Was tun?

1. Behandeln Sie ihn wie einen normalen Unruheherd nach der Eskalationskette (s. Checkliste »Eskalation bei Nebengesprächen«, Kapitel 3): Weiterreden und scharf anschauen, weiterreden und in seine Nähe wandern, dort stehen bleiben und verstummen. Meist versteht der Chef den Wink mit dem Zaunpfahl irgendwann bei dieser Eskalationsfolge. Aber denken Sie daran: Der Chef darf ein klein wenig mehr als die Indianer. Der Chef hat mehr »Störer-Freiheiten«.

2. Hilft alles nichts, sprechen Sie ihn direkt an, aber nicht verärgert, sondern freundlich: »Was muss ich tun, damit das Thema auch für Sie wieder interessant wird?«

Fiese Sprüche von ganz oben

»Haben Sie hier etwas zu sagen oder präsentieren Sie mit Powerpoint?« »Bunte Bilder für die Bauern!« »Ein Beamer ersetzt keinen Inhalt!« Vernichtende Torpedos? Ach was, das sind doch tolle Sprüche! Und genau so sollten Sie es auch sehen. Erinnern Sie sich gerade bei Chef-Attacken an Torpedo-Tipp 2: Was ein Torpedo ist und was nicht, bestimmen Sie allein!

Rufen Sie sich bei Chef-Attacken vor allem Torpedo-Tipp 28 ins Gedächtnis: Humor ist eine glänzende Torpedo-Abwehr! Je gröber der Chefspruch, desto größer sollte Ihr Humor sein. Was machen schwache Präsentatoren stattdessen? Sie rechtfertigen sich: »Aber Powerpoint ist doch das beste Präsentationsprogramm!« »Meine Visualisierung ist nicht bunter als andere auch!« Das ist schwach, das klingt kläglich, so rechtfertigt sich ein Sechsjähriger, der mit der Hand in der Keksdose ertappt wurde. Ihr Chef will mit seinem Spruch einen Witz reißen – also unterstützen Sie ihn dabei. Nehmen Sie es mit Humor: »Beides! Ich präsentiere mit Powerpoint und habe trotzdem was zu sagen!« »Donnerwetter und heute sind noch nicht mal Bauern anwesend – da habe ich mir die ganze Mühe wohl umsonst gemacht!« »Richtig erkannt, aber ausnahmsweise ersetzt der Beamer nicht den Inhalt, sondern transportiert ihn lediglich.«

Zugegeben, für solche Erwiderungen benötigen Sie etwas Schlagfertigkeit. Aber die haben Sie, wenn Ihr Selbstbewusstsein groß genug ist und Sie die ganze Sache mit Humor nehmen.

Die Chef-Überraschung

Neulich erzählte mir eine Präsentatorin, dass mitten in der Präsentation die Tür aufging, ein Mitglied der Geschäftsführung hereinschneite, zu einem Sachbearbeiter ging und sich minutenlang zwar flüsternd, doch trotzdem vernehmlich mit diesem unterhielt.

Das ist der Gipfel der Unverfrorenheit – aber nicht für den Manager. Dem fiel sein Benehmen noch nicht einmal auf. Hinterher meinte er lapidar: »Aber das war doch wichtig, was ich zu besprechen hatte!« Das ist noch nicht einmal so verrückt, wie es klingt. Vorgesetzte sind nun mal eben vorgesetzt. Das heißt, sie haben Rechte, die sonst keiner hat. Aus höherer Warte heraus ist es oft schwer zu erkennen, ob man momentan eines dieser höheren Rechte ausübt oder einfach einen Fehler macht. Daraus folgt:

1. Werten Sie den Torpedo auf keinen Fall als persönliche Brüskierung – das ist es mit Sicherheit nicht!

2. Wenn der Störer leise ist und die Zuhörer nicht wirklich stört, machen Sie ungerührt weiter, verkneifen Sie sich eine abfällige Mimik, das wirkt nicht souverän.

3. Wenn Sie mit einem Anheben Ihrer Stimme weiter verständlich bleiben können, tun Sie's.

4. Wenn die Störung dagegen zu laut oder zu lang ist, fangen Sie bloß nicht an zu zetern! Das wäre vielleicht berechtigt, wirkt aber schwach.

5. Brechen Sie stattdessen ab, verstummen Sie, schauen Sie nicht böse, sondern einfach nur gefasst und souverän auf den Störer. Dieser stumme Druck kommuniziert viel besser als jedes Wort der Mahnung.

6. Sollte in seltenen Fällen das nicht fruchten, gehen Sie auf die beiden zu, lächeln Sie freundlich und sagen Sie: »Ich schlage vor, dass Sie, was noch zu klären ist, draußen klären, damit wir hier weitermachen können.« Freundlich lächeln, keine Antwort abwarten, umdrehen und weitermachen.

In 95 Prozent der Fälle hilft das. Sollten Sie das Restrisiko erwischen, haben Sie keine Wahl als Ihre Präsentation »einzuschicken«, wie es heißt: Einfach so schnell wie möglich zu Ende kriegen, auch wenn Ihre Zuhörer gestört sind und Sie sich nicht mehr konzentrieren können.

Wenn sich eine Chefstörung nicht abstellen lässt, ertragen Sie sie. Sie sind trotzdem fein raus: Jeder hat gesehen, dass Sie alles Menschenmögliche getan haben, souverän geblieben sind. Schon allein das macht Ihre Präsentation zum Erfolg.

Die rituelle Demutsgeste

Die meisten Chef-Torpedos sollen nicht in erster Linie Sie beschädigen – das nimmt der Chef lediglich als Kollateralschaden in Kauf. In erster Linie geht es Vorgesetzten meist darum, durch den Torpedo-Abschuss zu zeigen, wer hier der Boss ist. Lassen Sie ihm diese Freude. Woran erkennen Sie, dass diese Demutsgeste fällig ist? An der Absurdität des Torpedos:

Je absurder der Torpedo, desto dringender die Demutsgeste.

Ein Agenturchef auf der schwäbischen Alb fühlte sich durch die brillante Präsentation einer Mitarbeiterin derart in seinem Omnipotenznimbus beschädigt, dass er mit Triumphgeheul einen Tippfehler auf einem Chart entlarvte: »Föhn schreibt man aber ohne h!« Als die Präsentatorin ihn auf die Dudenschreibweise hinwies, rastete er aus: »Stecken Sie sich den Duden sonst wo hin!«

Nach so einem Ausbruch kann man den Rest der Präsentation natürlich abhaken. Was hatte die Mitarbeiterin falsch gemacht? Sie hatte das Signal übersehen. Wenn ein Topverdiener auf einem Tippfehler herumhackt, geht es ihm nicht um den Tippfehler, sondern um die Demutsgeste. Natürlich ist die spontane Reaktion jedes normalen Menschen, auf den Duden hinzuweisen. Doch genau das unterscheidet erfolgreiche Präsentatoren von weniger erfolgreichen: Sie lassen sich nicht von ihren spontanen Reaktionen aufs Glatteis führen, sondern handeln überlegt, nach den Prinzipien der Torpedo-Abwehr. Sie lassen dem Chef auch mal eine falsche Orthografie durchgehen, nur damit er seinen Nimbus bewahren kann. Wenn es weiter nichts ist. Die Präsentatorin hätte mit Humor sagen können: »Durch die zahlreichen Rechtschreibreformen weiß niemand mehr genau, wie man ›Fön‹ schreibt.« So verliert keine der beteiligten Seiten ihr Gesicht.

Diplomatie statt Kompetenz

Präsentationen sind aus einem bestimmten Grund gefährliche Veranstaltungen – gefährlich für den Präsentator: Der Präsentator hat sich gründlich vorbereitet und kennt sein Thema in- und auswendig. Außerdem steht er vor Publikum und muss sich beweisen. Wenn dann der Chef etwas einwirft, was sachlich einfach falsch ist, fühlen sich unerfahrene Präsentatoren nicht nur dazu berufen, sondern geradezu verpflichtet, das richtigzustellen. Tun Sie es nicht!

Nicht einmal ein guter Chef kann das ungestraft durchgehen lassen, denn damit überschreiten Sie unbeabsichtigt die Grenze zwischen Inhalt und Status. Sie greifen seinen Status als Chef an! Daraus entwickelt sich ein öffentliches Kräftemessen, das Sie verlieren müssen, gerade weil es öffentlich ist. Chef-Torpedos erfordern sehr viel Fingerspitzengefühl und Diplomatie – nicht in erster Linie Fachkompetenz!

Das heißt nicht, dass Sie dem Chef recht geben sollen, wenn er irrtümlich behauptet, dass Rot Grün sei. Das heißt lediglich, dass Sie ihn im eigenen Interesse öffentlich nicht korrigieren dürfen. Sie übergehen seine Äußerung einfach, nachdem Sie diese anerkannt haben, und machen weiter im Text. Wenn Sie den Fehler Ihres Chefs ansprechen wollen und müssen, bieten Sie ihm ein Vieraugengespräch nach der Präsentation an.

Vorsicht: Wenn ein anderer Teilnehmer Sie als Präsentator darauf aufmerksam macht, dass die Aussage des Chefs nicht richtig ist, gehen Sie nicht darauf ein. Besser: »Ich schlage vor, diesen Einwand am Ende der Veranstaltung zu klären.« Oder: »Bitte klären Sie das doch untereinander am Ende der Veranstaltung.« Dann weiter im Text. Wichtig ist vor allem, dass Sie nicht zwischen die Fronten geraten.

Wenn Sie jedoch ohne Richtigstellung nicht zum roten Faden zurückkommen, kleiden Sie Ihre absolute Gewissheit in einen entschuldigenden Zweifel: »Ich bin mir jetzt gerade nicht mehr ganz sicher, aber wenn ich die Messdaten so ansehe (blättern), könnte es auch sein, dass Rot Rot ist.« Dann weiter im Text.

Die Chef-Panik

Sie wären überrascht, wenn Sie wüssten, wie viele Menschen schon allein beim Gedanken an eine Präsentation vor einem bestimmten Vorgesetzten die Krise bekommen – darunter auch viele Topmanager. Ich meine damit nicht das übliche Lampenfieber, das jeden befällt (also machen Sie sich deshalb keinen Kopf). Ich meine damit eine mehr oder minder vollständige, kognitive und emotionale Blockade, die den Erfolg der Präsentation be- oder verhindert. Manche Manager parkieren seit Jahren auf ihrer Karriereleiter, weil sie in all der Zeit nie den Mumm zusammen bekommen konnten, vor dem Big Boss zu präsentieren.

Eine solche Blockade ist völlig unnötig, weil es schon lange probate Mittel dagegen gibt. Sie brauchen lediglich ein Buch mit Persönlichkeitstechniken aufzuschlagen, dann quellen Ihnen die bewährten Hilfsmittel entgegen: Visualisierung, Future Pace, New Behavior Generator, Autogenes Training, Meditation, EFT, Self-Assertiveness-Training und so weiter. Besorgen Sie sich Literatur und wählen Sie daraus jene zwei bis drei Techniken aus, die Ihnen am ehesten liegen. Wenn Sie lieber im persönlichen Kontakt lernen, empfiehlt sich auch ein Training oder Coaching.

Es versteht sich von selbst, dass diese Techniken nicht nur dann nützlich sind, wenn Sie sich überhaupt nicht trauen oder Panik schieben, sondern auch dann, wenn Sie sichergehen wollen, dass die Chef-Torpedo-Abwehr, die Sie sich zurechtgelegt haben, im kritischen Moment auch wirklich funktioniert. Weil diese Techniken so immens hilfreich sind, betrachten wir nun eine davon genauer.

Das One-down-Reframing

Dieses Reframing (Perspektivwechsel) wurde von Chefsekretärinnen entwickelt und perfektioniert, die sehr viel öfter und gelegentlich weitaus heftiger unter Chef-Torpedos leiden als die meisten Präsentatoren.

Silke erzählt: »Wann immer der Chef mich auf dem Podium anschnauzt, denke ich mir: ›Du armer Kerl, hast du es wirklich nötig, dich bei deiner Position und deinem Gehalt mit einem einfachen Mitarbeiter anzulegen?‹«

Die anderen Kolleginnen rennen schon mal schluchzend raus, wenn der Chef sie »vom Seil schießt«. Silke bleibt ruhig und gelassen. Warum? Weil sie die Perspektive bewusst wechseln kann. Wer flüchtet, fühlt sich unbedeutend und klein: eben unterlegen. Wer dagegen auf den anderen herabschauen kann, wenn dieser sich aufspielt, bewahrt sich vor der mentalen Niederlage. Psychologen nennen diese Technik auch »Aufwerten durch Abwerten«. Man wertet sich auf, indem man den anderen abwertet. Das sollte man im normalen Alltag nicht tun – doch bei Torpedo-Angriffen hat der Angreifer mit der Ab- und Aufwertung begonnen, also darf man zur Notwehr greifen und es ihm in diesem Falle gleichtun.

Der relevante Unterschied: Der Angreifer wertet Sie öffentlich ab, was unmoralisch ist. Sie dagegen werten ihn nur in Ihrer Vorstellung ab, was Ihre Privatsache ist und bleibt. Sie schaden ihm damit nicht. Deshalb ist Ihr Einsatz der Abwertung moralisch gerechtfertigt – und aus mentalhygienischer Sicht absolut überlebensnotwendig. Das Reframing funktioniert nicht nur im akuten Fall, sondern auch prophylaktisch vor der Präsentation.

> Bernd sagt: »Wenn ich mir Sorgen mache, ob ich aus dem Konzept gerate, wenn der Chef mir eine Zwischenfrage stellt, denke ich mir einfach: Wenn er sachlich fragt, weiß ich die Antwort. Wird er unsachlich, dann denke ich einfach an seine Frau und seine Kinder, die das viel öfter ertragen müssen als ich.«

Danach steigt sein Selbstbewusstsein in eine Höhe, von der aus er seine Präsentation sicher und souverän halten kann. Damit schließt sich der Kreis zum Beginn des Kapitels.

> **Torpedo-Tipp 40:**
> Je stärker Ihr Selbstwertgefühl, desto unschädlicher prallen Chef-Torpedos an Ihnen ab.

Kapitel-Resümee: Chef-Torpedos abwehren

Torpedo-Tipp 37:

Erinnern Sie sich daran, dass der Chef Sie nicht kündigt, auch wenn Sie mal eine Präsentation verhauen – das beruhigt ungemein.

Torpedo-Tipp 38:

Entrüsten Sie sich ruhig über einen unfairen Chef – aber bereiten Sie sich vor allem auf seine Torpedos vor!

Torpedo-Tipp 39:

Je besser Sie den Chef verstehen, desto eher können Sie seine Torpedos vorausberechnen und kontern und desto weniger macht Ihnen das etwas aus.

Torpedo-Tipp 40:

Je größer Ihr Selbstwertgefühl, desto unschädlicher prallen Chef-Torpedos an Ihnen ab.

7   Nervös, trotz Torpedo-Abwehr?

Inzwischen werden Sie eine gewisse Erleichterung verspüren. Sie wissen nun, wie Sie Präsentationsstörungen entschärfen können, und dass Sie jedem Torpedo gewachsen sind. Die Bedrohung hat ihren Schrecken verloren. Diese Erleichterung steigert sich in dem Maße, wie Sie die gelesenen Tipps in die Tat umsetzen. Oder wie einer meiner Seminarteilnehmer es ausdrückte: »Nichts beruhigt vor einer Präsentation besser als eine gute Torpedo-Abwehr.« Normalerweise ist man vor Präsentationen nervös bis hektisch. Wer sich auf seine Torpedo-Abwehr verlassen kann, ist ruhig und gelassen. Er weiß, dass er mit allem fertig wird, was kommen mag. Das verleiht Souveränität und innere Sicherheit.

Damit könnten wir es zum Thema Nervosität belassen. Und die meisten Trainings und Ratgeber belassen es denn auch exakt an diesem Punkt. Die Sache hat nur einen Haken: Jenseits dieses Punktes geht es weiter. Eine erstaunlich große Anzahl von Präsentatoren fühlt sich auch nach einer soliden Torpedo-Vorbereitung für den eigenen Geschmack noch zu nervös. Jedenfalls zu nervös, um eine gute Präsentation zu halten. Oft kommt es sogar zum Paradoxon: Die Nervosität behindert die Torpedo-Abwehr! Man ist so aufgeregt, dass man geistig ständig um seine Befürchtungen kreist, statt sich auf Torpedos vorzubereiten. Viele halten diese Nervosität für unvermeidbar. Sie ist es nicht. Es ist ein Kraut dagegen gewachsen.

Wenn Tipps versagen

Die meisten Menschen sind vor Präsentationen (oder Reden) nervös bis lampenfiebrig. Rhetorik-Trainer empfehlen gegen Lampenfieber gerne: »Einfach tief atmen, bis der Puls sich wieder beruhigt!« Ein schöner Tipp. Ich gebe ihn oft genug selbst. Was mich jedoch stört, ist, dass der Tipp leider oft genug solo gegeben wird. Das erinnert mich an den Witz, bei dem ein Bergsteiger in der Eigernordwand abstürzend an einem Kollegen vorbeistürzt und schreit: »Was um Himmels willen soll ich machen?«, worauf der andere, wahrscheinlich ein Rhetorik-Trainer, ihm ermutigend zuruft: »Einfach tief atmen!«

Wenn Bauchatmung Ihre Nervosität beseitigt, lautet mein Rat: Bleiben Sie doch einfach dabei! Atmen Sie sich ruhig. Wenn dagegen weder die Bauchatmung noch andere kommode Tipps gegen Lampenfieber etwas ausrichten können (was leider oft der Fall ist und in einschlägigen Ratgebern meist verschwiegen wird), sollten Sie Ihren gesunden Menschenverstand wieder einschalten:

> Bauchatmung stellt nicht die Ursache Ihrer Nervosität ab.

Vages, diffuses Lampenfieber lässt sich wunderbar mit Tipps vertreiben. Konkretes Lampenfieber dagegen nicht. Denn es hat einen konkreten Grund.

> Wenn Sie Ihre Nervosität nicht in den Griff bekommen, fragen Sie sich doch mal, was Sie nervös macht.

Lampenfieber im Rückspiegel

Vorsicht: Wenn Sie sich vor der nächsten Präsentation fragen, warum Sie denn so nervös sind, kann das ins Auge gehen. Ohne ausreichende Übung werden Sie nämlich bei einer Vorab-Analyse nur noch nervöser! Für die ersten zwei, drei Analysen empfiehlt sich eher, eine zurückliegende Präsentation aus sicherer Distanz im Rückblick zu betrachten und sich zu fragen: Welche Befürchtungen machten mich im Vorfeld so nervös? Am besten, Sie notieren die einzelnen Befürchtungen:

....

....

....

Sie fühlen sich nach dieser kleinen Schreibübung bereits merklich besser? Warum wohl?

Chronifizierung der Angst

Was an vielen Präsentatoren auffällt: Ihr Lampenfieber nimmt mit den Jahren nicht ab. Das ist seltsam. Normalerweise fühlt sich ein Mensch umso sicherer, je mehr Erfahrung er gesammelt hat. Beim Lampenfieber ist das oft nicht so, da Redner und Präsentatoren zwar Erfahrungen sammeln, jedoch oft nichts daraus lernen, weil die Lernschleife durchbrochen ist. Man denkt: »Nächste Woche: Präsentation!« und schon sind die alten Ängste und Befürchtungen wieder da. Man projiziert dabei die (schlechten) Erfahrungen der Vergangenheit in Form von Erwartungen auf die Zukunft. Wer aufgrund schlechter Erfahrungen oder auch nur aufgrund alter Befürchtungen auch bei der nächsten Präsentation Störungen befürchtet, provoziert das Lampenfieber selbst!

Auf diese Weise schiebt man zuverlässig einen Berg Angst vor sich her, wann immer es um Präsentationen oder andere öffentliche Auftritte geht. Die Angst wird chronisch – das klingt so, als ob die Angst das von sich aus macht. Das tut sie nicht. Sie wird chronifiziert. Allein dadurch, dass der Präsentator nicht die Rückspiegel-Analyse macht und deshalb bei jeder neuen Präsentation erneut den Torpedo-Koller bekommt.

Analyse statt Angst

Warum haben Sie sich nach der simplen Rückspiegel-Analyse schon erleichtert gefühlt? Weil Ängste erstens ihren Schrecken verlieren, sobald sie aus dem Kopf heraus aufs Papier gebracht werden. Das Unbewusste stresst nicht mehr, wenn Sie es sich bewusst machen. Weil Sie zweitens bei mindestens der Hälfte der alten Befürchtungen bemerkt haben: Diese Befürchtungen traten überhaupt nicht ein oder waren haltlos überzogen! Das beruhigt ungemein. Und weil Sie drittens erkannt haben, dass Sie den Rest der Befürchtungen locker mit Ihrer mittlerweile erworbenen Torpedo-Abwehr-Kompetenz aus der Welt schaffen können.

Ist im Rückspiegel alles klar, können Sie nun vorwärts schauen, auf die aktuelle Präsentation. Wenn Sie die Rückspiegel-Analyse korrekt durchgeführt haben, werden Sie etwas wunderbar Befreiendes erleben: Die aktuelle Präsentation, die Sie noch vor wenigen Minuten richtig nervös machte, hat viel von ihrem Schrecken verloren. Oft verschwindet das Lampenfieber sogar völlig. Warum? Weil die neuen Befürchtungen natürlich meist die alten sind – und die alten Befürchtungen haben Sie mit der Rückspiegel-Analyse aus der Welt geschafft.

Neuen Ängsten begegnen

Sollte Sie angesichts der aktuellen Präsentation eine neue Furcht quälen, die mit keiner alten verwandt ist, gehen Sie diese eben so offensiv an wie die alten Ängste:

> Kompetenz vertreibt Angst.

Wird einer Angst eine Kompetenz oder Maßnahme entgegengesetzt, verschwindet die Angst (wenn nicht, packen Sie noch eine Kompetenz oder Maßnahme oben drauf). Natürlich wird das Lampenfieber ständig wiederkommen (naiv, wer nicht damit rechnet). Denn Lampenfieber ist hartnäckig. Während Sie noch an einer Excel-Tabelle für Ihre Präsentation sitzen, überkommt Sie schon wieder die alte Furcht vor einem bestimmten Risiko. Dann erinnern Sie sich einfach: »Aber das hatten wir doch schon! Ich weiß doch, was ich dagegen tun kann!« Lampenfieber ist zwar oft hartnäckig, doch wer sich bei jedem neuen Anfall erneut hartnäckig an die getroffenen Gegenmaßnahmen erinnert, bringt seine Flatternerven nach spätestens einem halben Dutzend Erinnerungen endgültig zur Ruhe.

Emotionale Intelligenz (EQ)

Selbst Vorstandsmitglieder mit vierzig Jahren Berufserfahrung überraschen mich oft mit Klagen über Lampenfieber vor Präsentationen, das sie nächtelang wach hält. Das liegt nicht an der mangelnden rhetorischen Kompetenz, wie oft vermutet wird. Es liegt an der emotionalen Kompetenz.

> Die nutzloseste Art, mit belastenden Gefühlen umzugehen, ist sie zu ertragen.

Denn dabei leidet man nur. Außerdem haben negative Gefühle die lästige Eigenschaft, umso belastender zu werden, je länger man sie aushält, erträgt und mit sich herum schleppt.

> Die zweitnutzloseste Art, mit belastenden Gefühlen umzugehen, ist, sie zu verdrängen.

Denn, was verdrängt wird, belastet nur noch stärker.

> Die einzig sinnvolle Art, mit belastenden Gefühlen umzugehen, ist, sich mit ihnen konstruktiv auseinanderzusetzen.

Das nennt man emotionale Kompetenz. Das erfordert weder viel Zeit noch viel Mühe. Es erfordert keinen Seelenstriptease und kein knietiefes Waten in Emotionen, wie EQ-Laien gerne annehmen. Oder war Ihnen die Rückspiegel-Analyse etwa zu emotional? Eben.

Emotionale Kompetenz ist nicht angeboren, sie ist erworben. Solange Sie sich vor Präsentationen nach Ihrem eigenen Dafürhalten noch zu nervös fühlen, ist Ihre emotionale Kompetenz noch nicht ausreichend. Arbeiten Sie daran, indem Sie alte und neue Befürchtungen per Rückspiegel-Analyse und Angst-Tabelle bearbeiten. Präsentationen sind nun mal ein sehr emotionales Thema. Eine gute Vorbereitung, überzeugendes Auftreten und eine wirksame Torpedo-Abwehr sind ohne ein gewisses Maß an emotionaler Intelligenz nicht machbar.

Trauma der Präsentation

In seltenen Fällen nimmt die Rückspiegel-Analyse und die Angst-Tabelle nicht die komplette Angst vor einer Präsentation. Jene, die es betrifft, ahnen warum: In der meist fernen Vergangenheit wurden sie einmal bei einer Präsentation oder einem öffentlichen Auftritt richtig »zur Sau« gemacht. Bei erstaunlich vielen Managern passierte das bereits im Kindergarten oder in der Schule. Das nennt man ein Trauma. Obwohl man den konkreten Anlass möglicherweise bereits vergessen hat, lässt er einen immer noch nicht los.

Dasselbe gilt für jüngere Traumen: Der Chef hat Sie letztes Jahr bei einer Präsentation richtig »rund gemacht« – seither zittern Ihnen bereits die Knie, wenn Sie nur an das Wort Präsentation denken. So ein Schreck sitzt einem oft jahrelang in den Gliedern. Viele durchleben die schlimme Situation immer wieder aufs Neue, sobald sie nur ans Präsentieren denken. Das belastet und verkrampft. Das provoziert weitere Niederlagen, weil man verkrampft nicht gut präsentiert. Deshalb sollten Sie, falls es in Ihrer Vita so ein Erlebnis gibt, den Schreck ein für alle Mal überwinden, damit er Sie nicht länger belastet und bremst.

Den Schreck überwinden

Denken Sie an das traumatisierende Erlebnis: Was genau hat das Desaster ausgelöst? Was haben Sie daraus gelernt? Viele Präsentatoren wissen das sofort: »Ich hätte keine ungesicherten Daten verwenden dürfen.« »Ich hätte mich vorher mit dem Vorstandsmitglied abstimmen sollen.« »Ich hätte über klar strukturieren sollen.« Dann stellen Sie sich die entscheidende Frage: Kann ich das jetzt? Beherrsche ich heute das, was in der Situation damals erforderlich gewesen wäre? Meist können Sie dazu klar Ja sagen – denn Sie haben schließlich etwas aus der Situation gelernt, etwas dazu gelernt. Wenn nicht, holen Sie es spätestens jetzt nach.

> Eine Präsentatorin erzählt: »Ich habe vor jeder Präsentation Panik geschoben, weil ich als promovierte Chemikerin es nie groß mit Controlling-Zahlen hatte und mir der Finanzvorstand deshalb vor Jahren mal richtig fies den Kopf gewaschen hat. Diese Angst habe ich unterbewusst jahrelang mit mir herumgeschleppt – bis ich mir eines Tages von einem netten Controller fünf Stunden lang alle relevanten betrieblichen Kennzahlen erklären ließ. Seit diesem Tag ist meine Nervosität vor Präsentationen verschwunden!« Logisch, denn sie hat das Trauma dadurch überwunden, indem sie sich jene Kompetenz aneignete, die ihr damals fehlte.
>
> Sie überwinden Traumen, indem Sie sich an jene inzwischen erworbene Kompetenz erinnern, die das damalige Desaster heute unmöglich machen würde – oder indem Sie diese Kompetenz jetzt erwerben.

In seltenen Fällen gestaltet sich diese Art befreiender Vergangenheitsbewältigung schwierig, weil das Trauma gar zu belastend ist. In diesen Fällen empfiehlt es sich, einen guten Coach zu konsultieren. Mit kompetenter Unterstützung im Rücken beseitigt man auch tiefe Traumen.

Kapitel-Resümee: Angstfrei präsentieren

Wenn Sie auch nach einer soliden Torpedo-Vorbereitung vor einer Präsentation noch nervöser sind, als Ihnen lieb ist:

➤ Versuchen Sie es mit den üblichen Lampenfieber-Tricks: Bauchatmung, 60-Sekunden-Lächeln, progressive Muskelentspannung, autogenes Training. – Suchen und finden Sie eine Technik, die Ihnen hilft.

➤ Falls die Technik auch bei sachgemäßer Anwendung im wiederholten Falle nicht hilft, gehen Sie den Ursachen Ihrer Nervosität auf den Grund.

➤ Arbeiten Sie dazu mit der Rückspiegel-Analyse und der Angst-Tabelle.

8   In fünf Minuten torpedosicher

Verstehen ist kein Verhalten

In Follow-up-Trainings und bei Coachings erlebe ich immer wieder, dass selbst geübte Präsentatoren mir zerknirscht verraten: »Ich verstehe ja, dass Humor eine super Torpedo-Abwehr ist – aber das bringe ich einfach nicht, wenn ich da vorne stehe!« – »Ich hatte mir Torpedo-Tipp 19 (sich nicht provozieren lassen) so zu Herzen genommen! Ich kenne ihn sogar auswendig! Und trotzdem bin ich wieder voll ausgerastet, als mich der kaufmännische Leiter dumm von der Seite anquatschte!«

Ist Ihnen auch schon passiert? Sie wussten genau, mit welchem Torpedo-Tipp (komplette Übersicht übrigens im Anhang) Sie einen zu erwartenden Torpedo abwehren können – und haben es dann bei der Präsentation doch nicht geschafft? Sie ärgern sich deshalb? Tun Sie es nicht.

> Dass Sie einen Torpedo-Tipp verstehen, heißt noch nicht, dass Sie ihn auch erfolgreich anwenden.

Obwohl die meisten Menschen genau das glauben. Das glauben sogar erfahrene Trainer oft, wenn es ums eigene Lernen geht. Sie erwarten von sich, dass sie etwas können, nur weil sie es kennen – aber so funktioniert das nicht. Wenn das so funktionierte, müsste ich Ihnen lediglich die Infinitesimalrechnung oder die kalte Kernschmelze erklären und Sie würden das auf Anhieb hinkriegen, oder?

Vom Kennen zum Können

Warum schaffen Sie es nicht, bestimmte Torpedo-Tipps anzuwenden, obwohl Sie es sich fest vorgenommen haben? Erinnern Sie sich an Ihre letzten Neujahrs-Vorsätze. Wie viele davon haben Sie realisiert? Ernüchternd wenige? Das ist normal. Gute Vorsätze sind Schall und Rauch. Ausnahmen bestätigen die Regel.

Sie können sich noch so sehr vornehmen, auf Torpedos mit mehr Humor zu reagieren – Sie werden im Ernstfall doch wieder eine saure Miene ziehen und sich bierernst rechtfertigen. Hinterher sind Sie dann böse auf sich. Hinterher ist man immer schlauer. Seien Sie nicht hinterher schlauer, sondern bereits von vornherein:

> Der Mensch ist ein Gewohnheitstier.

Was er nicht gewohnt ist, macht er auch nicht – vor allem nicht während der Anspannung vor einer Präsentation. Wenn Sie bislang auf Torpedo-Angriffe eher humorlos reagierten, werden Sie das auch in Zukunft tun – egal wie sehr Sie sich das Gegenteil vorgenommen haben. Sie hören erst dann damit auf, wenn Sie eine neue Gewohnheit gebildet haben. Dafür müssen Sie ein neues Verhalten nicht erst zig-mal wiederholen. Es reicht völlig, wenn Sie es sich vorstellen.

Die Macht der Vorstellung

Wenn Sie gute Vorsätze, Ideen, Torpedo-Tipps oder Torpedo-Abwehrmaßnahmen im Ernstfall nicht anwenden, obwohl Sie sich gut vorbereitet und es sich vorgenommen haben, liegt das – Unvorhergesehenes ausgeschlossen – immer am mangelnden Vorstellungsvermögen, der sogenannten internen Visualisierung. Das neue Verhalten »sitzt« noch nicht, weshalb sich automatisch das alte, torpedoanfällige abspult.

Visualisierung brauchen Sie nicht zu lernen. Sie können das schon. Wenn Sie etwas vom Chef wollen, visualisieren Sie automatisch und unbewusst: Sie stellen sich vor, wie Sie Ihre Bitte formulieren und wie der Chef darauf reagiert. Reagiert er vor Ihrem geistigen Auge negativ, visualisieren Sie neu, bis die gewünschte Reaktion eintritt.

Diese Visualisierung nimmt unser Unterbewusstes automatisch vor, wenn wir etwas vorhaben – es sei denn, wir stehen unter Stress. Dann streikt die Visualisierung oder läuft Amok: »Oje, was passiert, wenn der Chef mich dumm anquatscht?« Dann läuft Ihre Vorstellungskraft unbewusst in die falsche Richtung und kreiert ein Horrorszenario. Um von diesem Trip runterzukommen, brauchen Sie lediglich die Richtung zu wechseln. Die 5-Step-Visualisierung unterstützt Sie dabei.

5-Step-Visualisierung

Die 5-Step-Visualisierung ist eine Technik, die Sie innerhalb von nur fünf Minuten (oft sind es weniger) torpedofest macht.

1. Angenommen, Sie haben per Torpedo-Radar oder Störer-Steckbrief eine bestimmte Störung als wahrscheinlich identifiziert. Sie nehmen sich vor, zur Abwehr des Torpedos einen bestimmten Torpedo-Tipp zu beherzigen oder eine bestimmte Gegenmaßnahme einzusetzen. Dann malen Sie sich die zu erwartende Situation, in der es zur Störung kommt, so plastisch wie möglich vor Ihrem geistigen Auge aus: Wer ist der Torpedo-Schütze? Was sagt er? Was sehen Sie? Was hören Sie? Wenn Sie eine gute Eigenwahrnehmung haben, werden Sie dabei sogar die Versuchung spüren, so wie immer darauf zu reagieren, zum Beispiel gereizt, verunsichert, verärgert, überzogen, defensiv.

2. Stellen Sie sich an Ihrer Stelle einen megasupertollen Präsentator vor, der auf den Torpedo hin genau so reagiert, wie es sein soll, wie Sie es sich vorstellen und wie es der betreffende Torpedo-Tipp rät. Visualisieren Sie auch ihn (oder sie): Wie sieht er aus? Was sagt er? Was tut er (Mimik, Gestik, Körperhaltung)? Was denkt er? Wie reagieren die Zuhörer darauf?

3. Dieser Schritt ist der entscheidende der Visualisierung. Wenn gute Vorsätze scheitern, liegt es an diesem Schritt. Denken Sie sich in diesem Schritt nun selbst an die Stelle des supertollen Präsentators, sagen, denken und tun Sie genau das, was er auch sagt, denkt und tut. Wie fühlt sich das an? Passt das für Sie? Können Sie das? Bringen Sie das? Nein. Ideallösungen funktionieren niemals, weil sie eben ideal und nicht individuell sind. Also verändern Sie das Idealverhalten so lange, bis es für Sie passend ist. Das Kriterium lautet: Lieber eine abgespeckte Ideallösung, die Sie erfolgreich anwenden, als eine perfekte Lösung, die scheitert, weil sie Ihnen nicht entspricht.

4. Brauchen Sie zusätzliche Fähigkeiten oder Kenntnisse, um Ihre individuelle Lösung aus Schritt 3 durchzuziehen? Dann legen Sie sich diese zu.

5. Spielen Sie Ihre individualisierte Lösung vor Ihrem geistigen Auge so lange ab (ein halbes Dutzend Mal reicht meist), bis Sie sich sicher damit fühlen. Dieser Schritt ist die Garantie dafür, dass Sie das neue Verhalten auch wirklich dann anwenden, wenn es darauf ankommt – eben weil Sie es schon so oft vor Ihrem geistigen Auge durchgespielt haben, dass es quasi zur Gewohnheit geworden ist.

5-Step-Visualisierung auf einen Blick

➤ 1. Visualisieren Sie die Präsentationssituation, in der Sie den Torpedo erwarten.

➤ 2. Schauen Sie von außen (dissoziiert) einem Idealpräsentator zu, wie er sich ideal verhält.

➤ 3. Nehmen Sie seine Position ein (assoziiert), spielen Sie sein Verhalten für sich durch und verändern Sie es so lange, bis Sie es sich zutrauen.

➤ 4. Falls Sie dazu neue Kenntnisse oder Fertigkeiten benötigen, legen Sie sich diese zu.

➤ 5. Spielen Sie den Film vor Ihrem geistigen Auge so lange ab, bis Sie das Gefühl haben, das neue Verhalten »sitzt«.

Wenn Sie im neurolinguistischen Programmieren bewandert sind, wird Ihnen diese Technik bekannt vorkommen: Es ist ein abgewandelter New Behavior Generator. Am Anfang benötigen Sie dafür noch den obigen Kasten. Nach wenigen Versuchen beherrschen Sie die Technik auswendig. Geübte benötigen für die fünf Schritte oft weniger als eine Minute.

Verhaltensunsicherheiten wiederholen sich generell. Wenn Sie also einmal die 5-Step-Visualisierung durchgespielt haben, sollten Sie sie immer dann wiederholen, wenn die bekannten Zweifel auftauchen: »Schaffe ich das auch wirklich in der Präsentation?«

Die 5-Step-Visualisierung hilft Ihnen auch, Nervosität zu beseitigen. Stellen Sie sich dafür einfach die konkrete Situation vor, in der Sie normalerweise nervös sind, und spielen Sie die fünf Schritte durch.

Priorisieren Sie!

Viele Präsentierende fühlen sich bei ihrer Torpedo-Vorbereitung überfordert: »Es gibt so viele mögliche Störungen und so viele Torpedo-Tipps zu beachten!«

Wann immer Sie sich von einer Situation überwältigt fühlen, haben Sie zu priorisieren vergessen.

Wer den Wald vor lauter Bäumen nicht sieht, sollte sich auf die wichtigsten Bäume konzentrieren. Priorisierung heißt das Zauberwort.

Von Ihrem Torpedo-Radar und Ihren Störer-Steckbriefen kennen Sie die zu erwartenden Störungen – konzentrieren Sie sich auf die gravierendsten und auf die wichtigsten Torpedo-Tipps dazu.

Mit etwas Übung können Sie das im Kopf. Zu Beginn empfiehlt sich jedoch die Schriftform in Form einer Torpedo-Tipp-Tabelle, zum Beispiel so:

Torpedo-Tipp-Tabelle	
Zu erwartender Torpedo	**Abhilfe und/oder Tipp**
Chef mault rum	Ausreichend Zahlen; Tipps 37 und 40

Das Torpedo-Logbuch

Das Torpedo-Logbuch verhindert ein Phänomen, das selbst geübte Präsentatoren immer wieder vom Kurs abbringt: die gestörte Lernschleife. Viele Präsentierende sind vor einer neuen Präsentation genau so unsicher wie vor allen alten, obwohl sie bei den zurückliegenden Veranstaltungen bravourös alle Torpedos parierten. Das liegt, so paradox es klingt, an einem Mangel an Erfahrung: Die Präsentatoren haben ihre Torpedo-Abwehr zwar erlebt, aber keine Erfahrung daraus gewonnen (Erfahrungen muss man machen – sie kommen nicht von alleine aus dem Erlebten). Dabei hilft das Logbuch.

Legen Sie sich einen frischen Bogen Papier zu den Unterlagen Ihrer gehaltenen Präsentation und notieren Sie darauf kurz Ihre Antworten auf die folgenden Fragen:

1. Welche Torpedos wurden tatsächlich abgefeuert?

2. Wie habe ich darauf reagiert?

3. Wie gut hat meine Torpedo-Abwehr funktioniert?

4. Was werde ich also beim nächsten Mal beibehalten?

5. Was sollte ich lieber ändern?

Spielen Sie für die Änderungen die 5-Step-Visualisierung durch. Mit dieser Nachbereitung Ihrer Präsentation werden Sie von Mal zu Mal ruhiger, gelassener, sicherer und souveräner. Weil Sie Ihre Präsentationen nicht nur erleben, sondern aktiv die dazugehörigen Erfahrungen bilden. Erfahrung gibt Sicherheit.

Kapitel-Resümee: In fünf Minuten torpedosicher

Wenn Sie absolut sicher sein wollen, dass Sie die nötigen Torpedo-Tipps und Gegenmaßnahmen bei der kommenden Präsentation auch tatsächlich souverän anwenden können, spielen Sie die 5-Step-Visualisierung für die konkrete Anwendungssituation durch.

Falls Sie bei der zwanzigsten Präsentation noch immer fast so unsicher sind wie vor der ersten, legen Sie ein Torpedo-Logbuch an.

9   Souveränität für Fortgeschrittene

Mit Sicherheit Erfolg

Eine Frage: Was haben Sie von diesem Buch erwartet? Denken Sie eine Sekunde nach. Wenn Sie möchten, notieren Sie Ihre Erwartung:

Ich möchte … / Ich will … / Ich habe erwartet …

....

....

Wenn Sie gedacht oder geschrieben haben, »Ich habe erwartet, mit Störungen souveräner umgehen zu lernen!«, dürfen Sie das folgende Kapitel übergehen und direkt ins Nachwort springen. Wenn Sie jedoch gedacht oder geschrieben haben: »Ich möchte auch jenseits von Störungen absolut souverän und selbstsicher präsentieren!«, dann: Herzlich willkommen zum Kapitel für Fortgeschrittene! Denn:

> Der Fortgeschrittene möchte nicht nur bei Störungen souverän sein – sondern überhaupt und generell!

Der Fortgeschrittene möchte immer souverän sein, ob er angegriffen wird oder nicht. Er möchte jederzeit Herr der Lage sein, alles im Griff, alles im Blick, alles unter Kontrolle haben und den Zuhörern immer einen Schritt voraus sein. Wie klingt das für Sie?

Und wie fühlt es sich an? Wenn Sie seit Beginn Ihrer Buchlektüre auch nur eine einzige Störung besser bewältigt haben als zuvor, kennen Sie das Gefühl. Es fühlt sich gut an. Sicher. Stabil. Parallel zu diesem Gefühl werden Sie vielleicht noch etwas anderes verspürt haben:

> Wer sich sicher vor Angriffen fühlt, präsentiert auch außerhalb von Störungen souveräner. Und je souveräner er präsentiert, desto erfolgreicher präsentiert (arbeitet, lebt, erzieht, …) er oder sie.

Vertrauen Sie diesem Gefühl. Denn es sagt Ihnen etwas, das Sie bei der Störungsabwehr empfunden haben, das aber weit über diese hinausgeht:

> Selbstsicherheit ist der Schlüssel zu überragender Performance, starken Sympathiewerten, großer Überzeugungskraft und vor allem: Spaß beim Präsentieren, bei der Arbeit und am Leben.

Genau genommen ist dieses Kapitel die konkrete Umsetzung von Torpedo-Tipp 40 (s. Kapitel 6).

> **Torpedo-Tipp 40:**
> Je größer Ihr Selbstwertgefühl, desto unschädlicher prallen Chef-Torpedos an Ihnen ab.

In Kapitel 6 haben Sie quasi die Spar-Variante dieses Tipps kennengelernt. Denn ein starkes Selbstwertgefühl ist viel zu schade, um es lediglich für die Torpedo-Abwehr einzusetzen. Es kann bedeutend mehr. Es kann und wird Ihnen zu einer imposanten Ausstrahlung, einer unerschütterlichen Selbstsicherheit, großer Überzeugungskraft und Erfolg in allen Lebenslagen verhelfen. Kurz und gut: Sie werden sich fantastisch fühlen!

Wer jemals hinter einem Rednerpult stand und sich dabei auch nur für fünf Sekunden absolut sicher und souverän fühlte, vergisst dieses Gefühl nie mehr. Es ist unbeschreiblich. Es ist besser als jede Droge (weil kein Kater nachkommt). Deshalb gibt es Menschen, die sich vor Präsentationen nicht drücken oder fürchten, sondern sich geradezu darum reißen. Weil sie dieses einzigartige Triumphgefühl genießen wollen. Wie Robbie Williams sagte: »Es gibt keinen größeren Kick als vor 40.000 jubelnden Menschen zu stehen!« Dazu brauchen Sie keine 40.000. Der Kick kommt schon bei einem einzigen Zuhörer.

Wollen Sie diesen Kick?

Sicher?

Ich bin mir sicher!

Was Sie brauchen, ist Selbstsicherheit. Solide, fundierte, unerschütterliche Selbstsicherheit.

Wenn ein Student im ersten Semester während des Vortrags eines Nobelpreisträgers laut »Alles Quatsch!« ruft, was denkt der Nobelpreisträger dabei? Wird er den Zwischenruf als Störung empfinden? Nie im Leben. Er ist Nobelpreisträger, er fühlt sich wie ein Nobelpreisträger und der Zwischenrufer ist bloß Student. Als Nobelpreisträger hat man die nötige Selbstsicherheit. Brauchen Sie dafür einen Nobelpreis? Nein, Sie haben diese Selbstsicherheit ja schon!

Wenn Ihnen in der Fußgängerzone ein Clochard »Du blöder Hund!« oder »Du dumme Kuh!« hinterher ruft, dann kratzt Sie das ja auch nicht. Warum nicht?

Wenn Sie sich Ihrer selbst sicher sind, lassen Sie sich nicht stören.

Wir erkennen daran ein zentrales Prinzip der menschlichen Psyche:

Eine Störung ist nie das, was von außen kommt. Sondern das, was Sie in Ihrem Inneren daraus machen.

Wenn Sie sich ständig wie ein Nobelpreisträger fühlen könnten, wären Sie unangreifbar. Anders ausgedrückt:

Sicherheit ist kein Zustand, sondern ein Erleben.

Oder wie der Psychologe sagt:

Von außen kommt lediglich der Anlass. Doch die Ursache jedes Gedankens und jeder Empfindung liegt innen.

Im Vorstandssekretariat eines deutschen Konzerns wurde ich vor einiger Zeit unfreiwillig Zeuge eines Vergleichs in Selbstsicherheit. Vor unserem Termin delegierte der Vorstand im Vorübergehen noch rasch zwei fällige Präsentationen an zwei Projektleiter, die er einbestellt hatte. Er sagte zu beiden: »Sie präsentieren übermorgen jeweils Ihre Projekte außerplanmäßig dem versammelten Vorstand.« Der eine Projektleiter sagte: »Geht klar. Irgendwelche Sonderwünsche? Nein? Also dann bis übermorgen.« Der andere sagte gar nichts. Er war schreckensbleich. Und nun raten Sie bitte: Wer von beiden wurde am übernächsten Tag von den versammelten Vorständen stärker »gestört« und drangsaliert? Die Antwort liegt auf der Hand. Jetzt die schwierigere Frage: Warum? Weil der zweite Projektleiter total verunsichert war.

> Wer sich unsicher fühlt, der fasst bereits ein lautes Räuspern im Publikum als Störung auf.

Und er präsentiert schlecht. Eben unsicher – was dann echte Störungen provoziert, weil kein Manager schlechte Präsentationen mag. Ein Hundezüchter sagte mir einmal:

> In Präsentationen und vor Hunden sollte man immer selbstsicher auftreten. Sonst macht der Hund, was er will.

Was strahlt der erste Projektleiter für eine Selbstsicherheit aus! Woher hat er diese? Warum ist er sich seiner so sicher? Weil er mit dieser beneidenswerten Selbstsicherheit geboren wurde? Nein!

> Souveränität ist niemals vererbt und immer erworben.

Die meisten merken das bloß nicht, weil sie ihre Souveränität unbewusst erworben haben. Doch das kann man/frau auch ganz bewusst machen. Wie? Im Kopf von selbstbewussten Menschen laufen zwei Denkprozesse unglaublich schnell ab, die Sie sich beibringen können:

➤ Entwerte Negativgedanken!

➤ Entwirf Positivgedanken!

Ihr Sicherheitstraining

Im Kopf von unsicheren Menschen spielt sich Folgendes ab, an unserem Beispiel betrachtet: »Oh Gott, vor lauter Vorständen präsentieren! Die reißen mir den Kopf ab! Die wissen alles besser.« Das sind Negativgedanken. Sie entstehen reflexartig in unserem Kopf. Aber: Sie entstehen immerhin in unserem Kopf. Also in unserem direkten Einflussbereich. Wir können sie verändern – wenn wir sie als solche wahrnehmen, und wenn wir es wollen.

> Unsichere Menschen halten ihre eigenen Panikgedanken unbewusst für die unveränderliche Wirklichkeit. Sichere Menschen halten sie ganz bewusst für das, was sie sind: Gedanken. Und dann ändern sie diese.

Ich weiß, das erscheint Ungeübten wie Hexerei. Wenn es Ihnen auch so geht: Denken Sie nicht darüber nach! Probieren Sie es einfach aus. Wenn das nächste Mal ein Gedanke auftaucht, der Sie verunsichert – egal ob vor einer Präsentation oder in einer anderen Situation – dann sagen Sie sich zur Abwechslung doch mal: »Aha, das ist ein Gedanke.« Ein Fortgeschrittener wird denken: »Aha, das ist ein Gedanke. Ein Gedanke, der ein Gefühl von … (das Gefühl nennen) in mir weckt.«

> Wen seine eigenen Gedanken verunsichern, der braucht keine Feinde.

Sollten Ihre Gedanken nicht dazu da sein, Sie zu unterstützen? Wozu brauchen Sie einen Feind im eigenen Kopf? Wenn Ihr Kopf Sie nicht in allen Lebenslagen hundertprozentig unterstützt, schauen Sie ihm auf die Finger! Allein diese Achtsamkeit hilft bereits.

> Verunsichernde Gedanken verlieren einen Teil ihrer Macht bereits dann, wenn Sie sie scharf anschauen.

Sie verlieren vollständig ihre Macht, wenn Sie diese Gedanken verneinen. Fragen Sie sich: Ist dieser Gedanke logisch? Habe ich Beweise dafür? Oder ist das bloß eine unbewiesene Befürchtung? Übertreibe ich damit etwa? Stimmt das wirklich? Oder anders formuliert:

> Wenn Sie ein Gedanke beunruhigt: Schalten Sie Ihren gesunden Menschenverstand ein!

Dem zweiten, verunsicherten Projektleiter in obigem Beispiel müsste doch Spanisch vorkommen, dass der Kollege neben ihm so cool reagiert, während er selbst Panik schiebt. Warum merkt er das nicht? Weil er sich der Panik ergeben hat, anstatt seinen gesunden Menschenverstand einzuschalten und zu denken: »Moment mal, was läuft hier eigentlich ab?«

> Hören Sie auf, die Schuld auf die Umstände oder andere Menschen zu schieben. Wie Sie auf einen Angriff oder eine Situation oder einen Menschen reagieren, ist allein Ihre Sache.

Fortgeschrittene nehmen diese Verantwortung an. Anfänger verweigern sie. Sie verfallen lieber in Panik. Deshalb werden sie von ihren Negativgedanken beherrscht, die ihnen jede Selbstsicherheit rauben. Sie leiden unter ihren Negativgedanken, anstatt sie scharf anzuschauen, logisch zu betrachten und sie dann zu entwerten, zum Beispiel so:

> Zu den meisten Negativgedanken können Sie sich sagen: »Das ist meine Befürchtung. Das ist keine Tatsache!«

> Alexander muss eine Präsentation vor einem besonders kritischen Kunden halten. Er ist sehr nervös. Warum? Er erforscht seine Nervosität und entdeckt dabei folgende Gedanken: »Ich darf mir keinen Fehler erlauben! Aber wenn mir doch einer durchrutscht? Der Kunde macht mich fertig!« Was empfehlen Sie Alexander?

Alexander sollte seinen gesunden Menschenverstand einschalten und die Panikgedanken durch logische Überlegungen ausschalten. Etwa: »Warum darf ich keine Fehler machen? Ich bin nicht Gott. Also darf ich Fehler machen. Errare humanum est; Irren ist menschlich. Wenn der Kunde bei einem Fehler laut oder persönlich wird, ist das ein Zeichen schlechter Kinderstube. Sein Problem, nicht meines.« Merken Sie was? Obwohl Sie nicht Alexander sind, nimmt Ihre Selbstsicherheit schon beim Lesen dieser Disputation zu.

Wie Sie schwächende Störgedanken aus dem Weg räumen, bleibt Ihnen überlassen. Wichtig ist allein, sie nicht unkommentiert stehen und damit wirken zu lassen, sondern sich mit Ihrem gesunden Menschenverstand damit auseinanderzusetzen. Das steigert Ihre Selbstsicherheit.

> Steigern Sie Ihre Selbstsicherheit noch weiter, indem Sie jedem ausgeräumten Negativgedanken drei (oder mehr) Positivgedanken gegenüberstellen.

Alexander zum Beispiel sagt sich: »Ich mache sowieso nur selten Fehler! Also warum dann ausgerechnet bei diesem Kunden? Ich weiß doch auch, worauf es ankommt. Außerdem kenne ich mich viel zu gut im Thema aus, um dumme Fehler zu machen. Und überhaupt: Ich kenne den Kunden in- und auswendig und kann gegensteuern, bevor er sich richtig aufregt. Selbst wenn er sich aufregt: Damit werde ich doch mittlerweile fertig! Ist ja nicht das erste Mal.« Spüren Sie die Sicherheit, die von diesen Gedanken ausgeht, und machen Sie es nach. Damit das vor und bei Präsentationen funktioniert, sollten Sie es vorher so oft wie möglich trainieren.

> Arbeiten Sie jede Stunde ein Mal an Ihrer Selbstsicherheit.

Dass viele von uns sich so oft unsicher fühlen, liegt nicht an den unsicheren Zeiten und dem Stress. Es liegt daran, dass wir im Gegensatz zu früheren Generationen unsere Selbstsicherheit nicht mehr trainieren. Sie werden sich wundern, wie sicher und souverän Sie sich fühlen werden, wenn Sie auch nur einmal jede Stunde a) Ihre aufkommenden Negativgedanken beseitigen und b) ihnen Positivgedanken gegenüberstellen.

> Viel wichtiger als die äußere Störung ist Ihre innere Sicherheit. Wer sich seiner selbst sicher fühlt, lässt sich nicht stören.

Wenn Sie nach Positivgedanken suchen, suchen Sie nicht zu allgemein. Dass Sie ein guter Mensch sind, ehrlich, fleißig und strebsam, wird Ihnen wenig nützen, wenn ein wütender Vorstand Sie angreift. Deshalb: Suchen Sie situationsspezifische Positivgedanken, insbesondere Stärken oder Ressourcen. Als besonders fruchtbar haben sich folgende drei Felder erwiesen:

➤ Fachkompetenz,

➤ kommunikative Kompetenz,

➤ soziale Kompetenz.

> Selbstsicherheit kommt nicht von alleine. Nur Sie können sich die Sicherheit geben, die Sie brauchen.

> Ein Abteilungsleiter in einem Metall verarbeitenden Betrieb baut seine Selbstsicherheit regelmäßig vor heiklen Auftritten mit folgenden drei Positivgedanken auf: »Ich mache den Job seit 20 Jahren (Fachkompetenz). Ich bin nicht auf den Mund gefallen (kommunikative Kompetenz). Und ich komme auch mit schwierigen Menschen gut aus (soziale Kompetenz).« Das sind banale Gedanken. Doch die Gedanken an seine drei Stärken geben dem Abteilungsleiter die nötige Selbstsicherheit.

Ich erlebe in meiner täglichen Arbeit immer wieder die Verwandlung von großen Angsthasen und grauen Büromäusen in selbstsichere Manager und souveräne Managerinnen. Doch nur dann, wenn diese Hasen und Mäuse trainieren, sich selbst aufzubauen. Sicherheit ist harte, ehrliche Arbeit. Wer sie leistet, wird belohnt. Dasselbe gilt für die nächste Fähigkeit, die Sie souveräner macht: Resilienz.

Stärken Sie Ihre Resilienz

Was ist die häufigste Frage zu Störungen? Diese: »Aber was mache ich, wenn …?« Wichtiger als der Wortlaut der Frage ist dabei der Ton, in dem sie gestellt wird: Immer schwingt dabei Furcht mit. Was fürchten die Menschen dabei?

Wenn Sie Ihr eigenes Gemüt erforschen, werden Sie feststellen, dass Sie weniger die Störung an sich belastend empfinden als das Gefühl der Hilflosigkeit, des Ausgeliefertseins, der Ratlosigkeit, der Überforderung, das sich dabei einstellt: »Was kann ich schon dagegen tun? Nichts!« Ist das so? Nein, das ist keine Tatsache, das ist eine Furcht. Diese Furcht kann nur entstehen, wenn die Widerstandsfähigkeit gegen widrige Umstände (= Resilienz) zu gering ist.

»Resilienz« ist Fachjargon für: Ich habe das Gefühl, dass ich mit allem fertig werde und ich werde es auch! Ein schönes Gefühl? Wie kommen Sie dazu? Indem Sie erkennen, was dieses überragende Gefühl verhindert.

Unsichere Menschen glauben, keinen Einfluss zu haben.

Sie glauben das so fest, dass sie meist gar nicht auf die Idee kommen, dass es ein Glaube ist. Projektleiter B zum Beispiel hat das Gefühl: »Was kann ich kleiner Projektleiter gegen die großen Vorstände schon ausrichten!« Das ist ein verständliches Gefühl der Resignation. Um es zu fühlen, muss der Projektleiter seinen eigenen Einfluss auf die Situation völlig ignorieren, ausblenden, verleugnen. Resiliente Menschen machen das nicht. Sie sind im Geiste alle Bayern und denken: »A bissl was geht immer!«

Sagen Sie sich unablässig: »Egal, was kommt: Ich habe immer Einflussmöglichkeiten. Ich suche sie, ich finde sie, ich nutze sie.«

Selbst wenn Sie nur 10 Prozent Einfluss auf eine Situation haben, sind das 100 Prozent mehr als die reine Hilflosigkeit und Resignation.

Fragen Sie sich nicht hilflos, »Was mache ich jetzt bloß?«. Sondern konstruktiv: »Was kann ich jetzt tun?«

Konzentrieren Sie sich nicht auf das, was nicht geht, schiefläuft, Sie aufhält, schwächt oder verunsichert. Konzentrieren Sie sich auf das, was noch funktioniert, was Sie tun können, was Sie stärkt. Fokussieren Sie nicht auf den überwältigenden Einfluss anderer (die großen Vorstände!), sondern auf Ihren eigenen kleinen bescheidenen: Das reicht!

David hatte keinen Rieseneinfluss auf die Situation. Nur eine kleine Schleuder. Das genügte.

Selbst wenn 80 Prozent einer Situation völlig außerhalb Ihres Einflusses liegen: Konzentrieren Sie sich auf die 20 Prozent, auf die Sie Einfluss haben.

Wer das Mögliche tut, schafft das Unmögliche.

Aber die mächtigen Vorstände können trotzdem den kleinen Projektleiter in jeder Hinsicht überstimmen? Sicher. Doch darauf kommt es nicht an. Sondern:

Wer seinen winzigen Einfluss aufgibt, resigniert. Und Resignierte fühlen sich unsicher. Wer dagegen auch nur einen mikroskopisch kleinen Einfluss geltend macht, fühlt sich sicher und stark.

So sicher und stark wie die Fremdenlegionäre, die den Spruch geprägt haben: »Du hast keine Chance. Nutze sie!« Es kommt nicht darauf an, mächtige Vorstände überstimmen zu können. Es kommt darauf an, Ihnen aufrecht, erhobenen Hauptes, mit Rückgrat, souverän und selbstsicher gegenüberzutreten. Das schaffen Sie, wenn Sie sich ganz auf Ihre Einflussmöglichkeiten konzentrieren. Noch etwas hilft Ihnen dabei: die Aufgabe.

Tipp: Betrachten Sie selbst die aussichtsloseste Sache nicht als aussichtslose Sache, sondern als Aufgabe, der Sie sich annehmen.

Ein brutales Beispiel dazu: Bei einem Bekannten wurde Krebs diagnostiziert. Anstatt in Resignation zu verfallen, sagte er sich: »Das ist hart. Ich habe nicht darum gebeten. Aber ich kann mich parallel zur Schultherapie nach alternativen Behandlungsmethoden umsehen (Einfluss!). Und wenn mir ein rätselhaftes Schicksal diese Aufgabe gestellt hat, dann nehme ich sie an. Meine Aufgabe besteht ab sofort darin, so viel wie möglich für meine körperliche und seelische Gesundheit zu tun.« Wie empfindet er wohl seine Krankheit? Als unerträglichen Schicksalsschlag? Oder als Schicksal, das er in die Hand nimmt?

Es kommt überhaupt nicht darauf an, welche Knüppel Ihnen das Leben zwischen die Beine wirft. Es kommt darauf an, wie Sie im Herzen darauf reagieren. Leiden Sie stumm? Oder nehmen Sie die Herausforderung an?

Also nicht: »Was kann ich kleines Würstchen schon tun, wenn mich der große Vorsitzende zur Sau macht?« Sondern: »Das ist eine toughe Aufgabe. Wie könnte ich sie lösen?« Haben Sie es bemerkt? Wir arbeiten wieder mit dem Instrument des Reframing (s. Kapitel 6), der Umdeutung:

Je besser Sie Angriffe und Situationen reframen (umdeuten) können, desto resilienter (stressfester) werden Sie.

Reframen Sie das Leben in einer Abfolge von Aufgaben. Das mindert Ihre Unsicherheit nicht? Warum nicht? Lassen Sie mich raten: Weil Sie fürchten, an diesen Aufgaben zu scheitern. Woher ich das weiß? Sie sind nicht allein. Alle unsicheren Menschen auf der Welt denken ungefähr dasselbe. Daher:

Achten Sie nicht auf das Ergebnis. Achten Sie zunächst nur darauf, was ein Gedanke mit Ihnen anstellt.

Wenn Sie in einer Situation nicht depressiv reagieren, sondern nach Ihren Einflussmöglichkeiten suchen, fühlen Sie sich sicherer. Und das ist gut. Wenn Sie eine bedrohliche Situation nicht als Bedrohung, sondern als Aufgabe betrachten, fühlen Sie sich sicherer. Auch das ist gut. Warum wollen Sie dieses Gute aufgeben? Es gibt keinen Grund dafür.

Natürlich hat jede Reise ein Ziel. Doch wenn ich sie beginne, denke ich an den ersten Schritt – nicht an das Ziel. Sonst stolpere ich.

Unsichere Menschen stolpern, weil sie beim ersten Schritt schon ans Endziel denken. Sichere Menschen kennen das Ziel – und konzentrieren sich voll auf den ersten Schritt. Und der erste Schritt lautet: Beginne selbstsicher! Dann fallen nämlich auch alle anderen Schritte leichter.

Das alles leuchtet Ihnen mehr oder weniger ein? Sie kriegen aber trotzdem noch nicht die Kurve zu mehr Selbstsicherheit? Das ist gut. Denn dann brauchen Sie einen Entschluss.

Der Entschluss

Dinge, die funktionieren, sind sehr einfach. Sonst würden sie nicht funktionieren. Man muss bloß darauf kommen. Zum Beispiel:

Sie wollen sich/etwas ändern? Entschließen Sie sich!

Entschließen Sie sich: »Ab heute werde ich souveräner!« Ein Entschluss legt den Schalter im Inneren um. Natürlich verstößt man zu Beginn oft genug gegen den eigenen Beschluss. Doch wer weiß, dass ein Entschluss nicht deshalb rückgängig gemacht wird, weil es anfänglich nicht so toll klappt, wer seinem Entschluss also treu bleibt, der wird auch sicherer und souveräner.

Entschließen Sie sich, von nun an selbstsicherer zu denken, zu reden und zu handeln!

Das ist übrigens ein Universalrezept. Das heißt: Es funktioniert mit allem. Nicht nur mit Selbstsicherheit und Souveränität. Sondern mit allen Veränderungsvorhaben. Sogar mit dem größten: Glück. Rick Foster und Greg Hicks zum Beispiel schrieben den Bestseller *How we choose to be happy*. In diesem wiesen sie nach, dass glückliche Menschen nicht glücklich geboren wurden, in glücklichen Umständen leben oder besonders talentiert sind. Nein, jeder von den vielen Hunderten untersuchten Glückspilzen hatte irgendwann in seinem Leben den ganz bewussten oder den eher unbewussten Beschluss gefasst: Ich möchte glücklich sein! Und diesem Entschluss blieben sie treu. Manchmal unter Einsatz ganz profaner Erinnerungshilfen wie Post-its oder Notizzetteln im Geldbeutel. Deshalb wurden sie glücklich und sind es noch: Weil sie einen Entschluss fassten.

Das ist kein Hokuspokus und kein Wunder. Das ist eher ein recht banales Prinzip, das der Psychologe »intentionales Handeln« nennt. Deshalb lernen Erwachsene Fremdsprachen oft besser und schneller als Schulkinder, obwohl Kinder angeblich den jüngeren Geist haben: Schüler müssen die Vokabeln pauken, Erwachsene wollen es. Intention schlägt Zwang. Der Entschluss ist mächtiger als ein junges Gehirn. Aber:

Glücklich, wer Wunsch und Entschluss voneinander unterscheiden kann. Ein Wunsch reicht nicht zur Veränderung. Es muss eine Entscheidung sein.

Entscheiden Sie sich hier und jetzt: Ich werde souveräner! Fassen Sie diesen Entschluss und erinnern Sie sich jeden Tag, jede Stunde daran. Egal, was passiert, halten Sie inne, bevor Sie reagieren, und sagen Sie sich: Moment, ich wollte doch souveräner sein. Was heißt das jetzt für diese konkrete Situation?

Schon erstaunlich, wie etwas so Abstraktes wie ein Entschluss so große Wirkung entfalten kann. Sie mögen Abstraktes nicht so? Dann werden wir jetzt ganz konkret. So konkret wie Holzhacken.

Probehandeln gibt Sicherheit

Selbstsicherheit ist wie Holzhacken auch: Je öfter man es macht, desto besser kann man es.

> Mitten in ihrer Präsentation sagt der Vorgesetzte zu Gertrud: »Frau Schellenberg, Sie haben da in Ihrer Tabelle einen dicken Fehler!« Was sagt Gertrud? »Herrje, wie konnte mir das bloß passieren!« Nein. Sie sagt: »Wo? Hier? Danke für den Hinweis, aber die Zahl stimmt so, ich habe sie von der Buchhaltung gegenchecken lassen.« Wie kann Gertrud bloß derart abgeklärt und cool reagieren?

Weil der Fehler gar kein Fehler ist? Nein, das hindert unseren Puls normalerweise nicht daran, auf 180 zu springen, wenn uns ein Vorgesetzter vor 20 Leuten einen Fehler vorwirft. Der Grund ist ein anderer: Gertrud hat schon ein Dutzend Mal präsentiert, bevor sie ihre Präsentation zum ersten Mal hielt.

> Präsentieren Sie (Teile Ihrer Präsentation) so oft es nur geht vor der Präsentation.

Präsentieren Sie Kollegen, Freunden, Verwandten, der Familie am Mittagstisch oder beim Fernsehabend dem Nachbarn ... Sagen Sie: »Bitte schenken Sie mir ... Minuten (drei bis fünf opfert jeder gerne) Ihrer Zeit. Hören Sie bloß zu und versuchen Sie mir zu folgen. Ich brauche die Übung und ich brauche einen echten Menschen dafür.« Sie werden erleben, wie Sie mit jedem Durchgang mehr Sicherheit gewinnen (und viele Freunde).

> Repetition is the mother of skills. Übung macht den Meister.

Wenn Sie die Präsentation dann tatsächlich halten, haben Sie sie vorher schon ein Dutzend Mal gehalten. Und: Weiten Sie diese Übung aus.

> Souveränität kommt mit der Erfahrung. Ergreifen Sie deshalb so oft es geht die Gelegenheit, vor Menschen etwas zu sagen. Irgendetwas.

Was Sie sagen, ist egal. Hauptsache, Sie sagen etwas. Und möglichst oft. Engagieren Sie sich in der Führung Ihres Vereins, stehen Sie bei Familientreffen auf und rezitieren Sie ein kleines Gedicht, werden Sie Mitglied im Kirchengemeinderat, melden Sie sich in öffentlichen Sitzungen des Gemeinderates zu Wort, halten Sie Ihrer Arbeitsgruppe eine wöchentliche kleine Ansprache, melden Sie sich für die Moderation von Meetings, melden Sie sich in allen Meetings zu Wort. Die Gelegenheiten sind endlos!

> Die größte Sicherheit erlangen Sie, wenn Sie vor einem Mächtigen probehandeln.

Wenn Sie einem Vorstand präsentieren müssen, skizzieren Sie Ihre Präsentation erst Ihrem Abteilungsleiter. Oder jeder anderen Führungskraft, zu der Sie einen guten Draht haben. Fünf Minuten genügen. Je höher der Rang Ihrer »Testperson«, desto größer Ihre Sicherheit danach. Auch ein hochrangiger Mentor gibt diese Sicherheit. Oder ein professioneller externer Coach.

Probehandeln gibt Sicherheit. Erfahrung gibt Sicherheit. Und Sicherheit ist ein Gefühl.

Apropos Gefühl.

Fühlen Sie!

Wer Ihnen beigebracht hat, dass Gefühle fürs Business irrelevant sind, hat Sie hereingelegt: Unsicherheit ist ein Gefühl!

Gefühle sind ganz im Gegenteil die treibende Kraft im Business. Die letzte Weltwirtschaftskrise wurde durch ein Gefühl verursacht. Kein besonders nobles: Gier. Amerika wurde wegen Gefühlen entdeckt: Abenteuerlust, Neugierde und dem Drang nach kürzeren Seewegen für die Schifffahrt. Wenn Kolumbus damit Amerika entdeckte, sollten Gefühle auch gut genug für Sie sein.

Nutzen Sie Ihre Gefühle im und für den Beruf!

Wenn Sie sich unsicher fühlen, setzen Sie noch auf die falschen Gefühle. Unsicherheit ist eine natürliche Reaktion auf unsere verrückte Welt. Wir alle reagieren mit Frustration, Enttäuschung, Resignation oder Hilflosigkeit, wenn wir angegriffen werden oder unter Stress stehen. Doch wir sollten es nicht dabei belassen:

Selbstsichere Menschen bleiben nicht in negativen Gefühlen stecken. Sie arbeiten sich bis zu den positiven Gefühlen durch.

Hans-Georg zum Beispiel sagt im Coaching: »Ich bin enttäuscht von meinem Chef, dass er mich vor Kunden derart schlecht aussehen lässt! Das ist menschlich einfach nicht in Ordnung. Ich habe anderes von ihm erwartet.« Wie hört sich das an? Wie: »Mama, der ist so gemein zu mir!« Und so sitzt Hans-Georg auch da: eingesunken, passiv, gekrümmt, buchstäblich ohne Rückgrat. Das sind menschliche Gefühle. Doch diese Gefühle verurteilen ihn zur Passivität. Ich frage ihn, ob sein Chef sich ihm gegenüber fair verhalten habe. Sofort ändert sich seine Haltung. Er richtet sich etwas auf und seine Augen funkeln: »Nein, das war absolut nicht in Ordnung!« Hans-Georg erscheint wie ausgewechselt. Gerade noch deprimiert, jetzt wütend. Das ist besser!

Wählen Sie Emotionen, die Sie aktivieren!

Sie haben richtig gelesen: Wir können unsere Emotionen wählen – wenn wir wollen. Wir machen das oft automatisch. Zuerst sind wir schockiert, dann hilflos, dann kriecht eine stille Wut in uns hoch. Das ist gut! Wut aktiviert. Wut ist nicht schön. Aber sie ist besser als depressive Passivität und Weltschmerz.

Denken Sie sich in Rage!

Sie müssen nicht warten, bis Sie auf den Chef, einen Störer, einen Kunden, eine heikle Situation oder die Welt an sich wütend werden. Sie können Ihre aktivierenden Gefühle auch willentlich und ganz gezielt wecken. Sie wissen doch am besten, was Sie auf 180 bringt! Ist es Ungerechtigkeit? Inkonsequenz? Maßlosigkeit? Inkompetenz? Autoritäres Gehabe? Dummes Geschwätz? Respektlosigkeit? Das Schöne an diesen »Gaspedalen«:

Jede Störung lässt sich auf mindestens ein »Gaspedal« zurückführen.

Also auf eine grundlegende Verletzung eines ewig gültigen Wertes wie Gerechtigkeit oder Respekt. Und wenn Sie das tun, wenn Sie die aktuelle Störung mit dieser archaischen Verletzung in Zusammenhang bringen, dann geraten Sie im Sinne des Wortes in Fahrt. Lena beispielsweise sagt: »Ich hasse es, wenn der Finanzvorstand mir einen Vortrag über Marketing hält, denn davon hat er keine Ahnung!« Glauben Sie, dass diese zornige junge Frau sich sonderlich vom Finanzvorstand verunsichern lässt? Nicht wirklich. Dafür ist sie viel zu wütend.

Dieses Spiel mit den Gefühlen, das Sich-selbst-in-Fahrt-Bringen ist ein Rezept für Fortgeschrittene, weil Anfänger sich dabei oft vertun: Sie vergraben sich in ihrem Gefühl. Sie sind nur noch wütend auf den Chef, beschimpfen ihn innerlich. Anstatt die treibende Kraft der Wut für etwas Konstruktives wie ein klärendes Gespräch, einen Jobwechsel oder einfach nur für die Erhaltung der eigenen Gelassenheit zu verwenden. Deshalb behandeln wir dieses nützliche Instrument so weit hinten im Buch: Man muss schon ein wenig fortgeschritten dafür sein, zum Beispiel durch fortgesetzte Lektüre.

Wecken Sie aktivierende Emotionen und nutzen Sie deren treibende Kraft für Konstruktives!

Wenn Sie es nicht so mit Gefühlen haben: Bitteschön – das nächste Instrument für mehr Souveränität ist eines, das mit kühler Logik arbeitet.

Werden Sie endlich erwachsen!

Wissen Sie, wovor kleine Kinder sich normalerweise fürchten? Vor dem Monster unter dem Bett, einem dunklen Schlafzimmer, der Geisterbahn oder dem Nikolaus. Wie wenig sich Erwachsene vor solchen Kinderschrecken fürchten. Logisch, Erwachsene sind eben erwachsen. Reif, erfahren, überlegt.

Wer andere verunsichert oder verunsichert auf andere reagiert, reagiert mit seinem inneren Kind. Ein Erwachsener reagiert anders.

Grob formuliert: Verunsicherung ist ein Zeichen mangelnder geistiger Reife. Das heißt nicht, dass Sie sich jetzt schämen sollen! Das heißt lediglich: Verunsicherung ist kindisch. Sobald Sie den Erwachsenen in sich wieder aktivieren, kehrt die innere Sicherheit zurück. Diese Rückkehr können Sie beschleunigen, indem Sie das tun, was das TV-Sinnbild des intelligenten Erwachsenen, der Fernseh-Kommissar, ständig tut: Intelligente Fragen stellen. Fragen Sie sich:

➤ Bringt es mich weiter, mich unsicher zu fühlen? Bringt es mich meinen Zielen näher?

➤ Gibt es einen realen Grund dafür, mich unsicher zu fühlen? Wenn nein – warum dann die Unsicherheit? Wenn ja – warum räume ich den Grund nicht aus, wenn er so real ist?

➤ Überdramatisiere ich die Dinge mal wieder?

➤ Wie würde eine erwachsene und angemessene Reaktion auf diese Situation aussehen?

➤ Möchte ich es zu perfekt machen und verunsichere ich mich deshalb?

➤ Setze ich mich unnötig selbst unter Druck?

➤ Wie würde sich ein erwachsener, reifer Mensch in dieser Situation verhalten? Wie würde er sich fühlen? Was denken?

➤ Was wäre eine vernünftige Lösung?

➤ Wovor schützt mich der Stress, den ich gerade erlebe?

Zugegeben, die letzte Frage ist extrem fortgeschritten. Sie unterstellt, dass Sie den Sekundärgewinn kennen. Der Sekundärgewinn ist das Gute vom Schlechten. Wer zum Beispiel Schnupfen hat, dem läuft die Nase. Das ist das Schlechte. Doch er wird von anderen bemitleidet und kann möglicherweise im Bett liegen bleiben. Das ist das Gute vom Schlechten.

> Das Gute vom Schlechten der Verunsicherung: Wenn Sie sich verunsichert, klein und hilflos fühlen, müssen Sie nicht an einer Lösung der Situation arbeiten.

Wie könnten Sie auch? Der Vorstand ist ja viel zu mächtig! Der Angriff des A-Kunden ist viel zu gemein! So denken Kinder. Ein Erwachsener denkt: Was will ich mir da gerade wieder einreden?

Werden Sie erwachsen.

Keine Internalisierung!

Silvios bester Kunde sagt zu ihm: »Sie Pfeife! Bei der Hälfte Ihrer Artikel fehlt die genaue Kostenkalkulation! Das ist unerhört!« Darauf Silvio: »Aber Sie wollten doch die Produktdaten so früh wie möglich! Es fehlen eben noch die Preise, aber die Technik sehen Sie doch schon!« Wie hört sich das an? Klein, weinerlich, kindlich, hilflos, unsicher. Warum reagiert Silvio so unsouverän? Weil er internalisiert. Das heißt: Sein Kunde sagt »Sie Pfeife!« und Silvio fühlt sich automatisch angegriffen. Warum denkt er nicht: »Pfeife? Ich sehe hier keine Pfeife!« Weil er die Wertung eines äußeren Angreifers nach innen in sein Innenleben übernimmt (er internalisiert). Das ist immer ein Fehler.

Warum begeht Silvio diesen Fehler? Weil das ein menschlicher Reflex ist, den die Spiegelneuronen verursachen: Wenn ich Ihnen gegenübersitze und laut gähne, fangen Sie auch an zu gähnen. Die Spiegelneuronen in Ihrem Kopf wollen das so. Wenn Sie sie lassen. Die Neuronen arbeiten unwillkürlich und unbewusst. Sobald Sie sich ihre Arbeit bewusst machen, schaltet sich der unbewusste Reflex ab. Und die beste Technik, den Reflex abzuschalten, ist ein Mantra:

Sagen Sie sich immer wieder: keine Internalisierung! Ich übernehme keine Wertungen anderer Menschen!

Weder im Guten noch im Schlechten. Wenn mich einer beschimpft, lasse ich die Beschimpfung bei ihm. Ich übernehme sie nicht. Dito Lob und Anerkennung. Klingt leicht verrückt? Nein, nur extrem fortgeschritten. Ein Mensch mit einem starken Ich, Selbst, Ego, Selbstwertgefühl, oder wie immer Sie es nennen wollen, freut sich zwar, wenn zum Beispiel der Chef ihn lobt. Doch er übernimmt dieses Lob nicht unkritisch, sondern auf dem Hintergrund seiner eigenen Wertung: »Der Chef lobt meine Pünktlichkeit, aber bei dieser Aufgabe war meine Gründlichkeit in der Recherche viel wichtiger!« Der Gedanke hinter der Verweigerung jeglicher Internalisierung ist einfach: Wenn Sie positive Wertungen von anderen Menschen übernehmen, machen Sie sich zu deren Sklaven. Sie warten dann wie das Hündchen Männchen machend auf das nächste Leckerli vom Chef. Das ist die übliche Beschäftigung von Angestellten. Dass diese Hörigkeit jedes Ego, jeden Selbstwert zerstört, ahnen die meisten noch nicht einmal – obwohl sie oft ins Coaching kommen mit der Klage: »Mein Selbstwertgefühl ist zu gering!« Logisch, wenn du es ständig von der Anerkennung anderer abhängig machst!

> Verlassen Sie sich auf Ihre eigene Anerkennung und Ihre eigene konstruktive Kritik. Dann fallen Sie nicht auf fremde Wertungen herein.

Oder ganz fortgeschritten formuliert:

> Nichts verleiht mehr Souveränität als emotionale Autonomie!

Au weia, zu viele Fremdwörter? Dann auf gut Deutsch: Wenn Sie selbst für Ihre guten Gefühle sorgen, sind Sie nicht mehr abhängig von der Lust und Laune anderer Menschen. Und diese gefühlsmäßige Unabhängigkeit verleiht Ihnen die maximale Souveränität in allen Lebenslagen. Der deutsche Nationaltorwart Manuel Neuer ist so ein souveräner Mensch. Logisch: Torhüter müssen zwar auch fachkompetent sein. Doch wenn die Nerven nicht mitspielen, bringen sie es nicht weit. Deshalb sind die besten Torhüter auch die größten Selbstsicherheits-Experten.

Irgendwann warf Neuer ein TV-Reporter im Interview nach einem Spiel vor, bei einem Eckball daneben gegriffen und auch sonst nicht sonderlich sicher gehalten zu haben. Ein unverhohlener Angriff. Vor Millionen Fernsehzuschauern. Was machte Neuer? Der schien den Vorwurf gar nicht zu hören. Vielmehr sagte er: »Das war eines der besten Spiele meiner Laufbahn. Ich habe allein 17 Mal gegnerischen Stürmern den Ball abgelaufen. Das hat mindestens drei sichere Tore verhindert.« Das war neutral und höflich formuliert. Doch diese Antwort ließ den TV-Reporter aussehen wie den letzten Idioten, der von Fußball keine Ahnung hat. Nicht weil Neuer ihn angegriffen hätte. Sondern weil Neuer eine eigene Meinung hat. Er hat es nicht nötig, fremde Meinungen zu internalisieren. Deshalb muss er sich auch nicht gegen sie verteidigen.

Warum internalisieren unsichere Menschen ständig? Weil sie erwarten. Sie erwarten von anderen Menschen, dass diese ihnen recht geben, ihnen Aufmerksamkeit schenken, sie loben, nett zu ihnen sind. Das sind Erwartungen, die genau dann ihre Berechtigung verlieren, wenn Ihr Gegenüber diese Erwartungen enttäuscht. Dann sollten Sie blitzschnell auf Ablehnung jeglicher Internalisierung umschalten.

> Je mehr Sie Anerkennung und Wohlwollen von anderen erwarten, desto verletzlicher machen Sie sich für Angriffe und desto stärker schwächen Sie Ihr Selbstwertgefühl!

Das heißt nicht, dass Sie auf Beifall verzichten sollten. Das heißt lediglich, dass ein autonomes Ich sich sagt: »Wenn die anderen klatschen, finde ich das super! Wenn nicht: Ich allein weiß, wie gut ich präsentiert habe. Mein Urteil ist qualifizierter als ihres.«

Das SIHR-Rezept

Gibt es ein Universalrezept gegen Störungen und für mehr Selbstsicherheit? Ja, das gibt es: das SIHR-Rezept.

> Egal, wer Sie stört und was er sagt – erwidern Sie als erstes immer: „Sie haben recht!"

Irgendwann warf mir ein Manager während einer Besprechung vor, dass ich viel zu radikale Vorschläge machen, zu hart durchgreifen würde: »Sie haben ja Haare auf den Zähnen!« – »Sie haben recht«, antwortete ich. »Und ich kämme meine Haare täglich!« Alles lachte. Selbst der angreifende Manager. Er störte nicht wieder.

Sie müssen das SIHR-Rezept nicht mit einer so haltlosen und witzigen Übertreibung garnieren. Es reicht, wenn Sie dem Störer recht geben – aber immer: mit einer kleinen Nuance in die richtige Richtung. Einige Beispiele:

➤ »Sie erzählen doch bloß Mist!«

➤ »Sie haben recht, meine Vorschläge sind relativ komplex und nicht leicht zu verstehen.«

➤ »Als Kaufmann haben Sie doch keine Ahnung vom Technischen!«

➤ »Sie haben recht, ich bin Kaufmann. Und als solcher habe ich mehr als genug Ahnung von der wirtschaftlichen Seite der Technik.«

➤ »Dafür bekommen Sie nie meine Zustimmung!«

➤ »Sie haben recht, diesem Vorschlag lässt sich nicht ohne gründliche Überlegung zustimmen.«

> Geben Sie dem Störer recht, um seine Trotzreaktion und die Eskalation des Gesprächs zu vermeiden. Im selben Atemzug lenken Sie das Gespräch in Ihre Richtung.

Das SIHR-Rezept ist ein einfaches. Ich habe noch keinen erlebt, der es mit ein wenig Übung nicht schnell hätte erlernen und anwenden können. Und das nächste Rezept geht noch viel schneller.

What's your mission?

Während der Sitzung eines Investitionsausschusses erlebte ich eine bemerkenswerte Geschichte:

> Ein Filialleiter eines Handelskonzerns trat ans Rednerpult, um seinen Antrag auf 76.000 Euro Investitionssumme zu begründen. Er sagte: »Ich kann Ihnen keine Zahlen anbieten – unsere Controller rechnen noch. Ich kann Ihnen noch nicht einmal einen Business Case vorlegen, weil an unserem Standort vor zwei Wochen ein neues Gewerbegebiet ausgewiesen wurde und wir den Case nicht so schnell umstellen konnten. Ich stehe heute also mit leeren Händen vor Ihnen. Doch eines kann ich Ihnen sagen: Wenn wir diese Chance nutzen, wird unser Umsatz sich in zwei Jahren glatt verdoppeln. Wenn wir sie nicht nutzen, haut uns die Konkurrenz im selben Zeitraum um!«

Wie klingt das? Ziemlich stark. Normalerweise funktionieren Konzerne wie der preußische Beamtenapparat: Kein ausgefülltes Formular? Kein Geld. Normalerweise hätte der Investitionsausschuss dieses Unternehmens den völlig unbegründeten Antrag des Filialleiters ohne weiteren Kommentar zurückweisen können und müssen. Doch das passierte nicht. Der Filialleiter erhielt eine vierwöchige

Reservierung für seine beachtliche Summe, um Zahlen und Business-Case nachzureichen. Warum? Weil er absolut überzeugend auftrat. Mit großen Worten und großer Überzeugung.

> Wer überzeugt ist, überzeugt.

Wer eine Mission hat, der hat auch den nötigen Mut. Was ist Ihre Mission? Wovon sind Sie überzeugt?

> Es ist egal, wovon Sie überzeugt sind – suchen Sie sich etwas aus!

Das ist das Schöne daran:

> Jede komplexe Angelegenheit hat so viele verschiedene Facetten, dass jeder Mensch einen Aspekt findet, der ihn begeistert.

Wer aufmerksam sucht, der findet immer etwas. Das Problem ist: Unsichere Menschen suchen nicht. Sie sagen: »Ich muss in zwei Wochen eine Präsentation halten!« Oje, denke ich dann immer. Wer so saft- und kraftlos und im Sinne des Wortes ohne Überzeugung an die Sache rangeht, der klingt nicht besonders selbstsicher. Ganz anders klingt doch da: »In zwei Wochen überzeuge ich den Vorstand von unseren Expansionsplänen!« Das hat was. Das klingt stark, überzeugt und wirkt deshalb überzeugend.

> Finden Sie einen Aspekt Ihrer Angelegenheit, der Sie begeistert, und bauen Sie Ihr Selbstwertgefühl und Ihre Präsentation gleichermaßen darauf auf.

Natürlich sollte der Aspekt nicht vernachlässigbar sein. Suchen Sie sich für Ihre Überzeugung die großen Dinge des Lebens aus: Ihre tiefsten Interessen, Ihre hochfliegenden Visionen, einen brennenden Wunsch, Ihre persönliche Überzeugung, einen starken persönlichen Wert oder die Strategie des Unternehmens. Egal, Hauptsache, es erfüllt Sie mit Überzeugung!

Die Innendienstleiterin eines Mittelständlers muss einen völlig unsinnigen Beschluss der Inhaber-Familie umsetzen: 14 ihrer Leute müssen gekündigt werden, die Abteilung total umgekrempelt werden, obwohl es eine der leistungsstärksten Abteilungen des Unternehmens ist. Die Innendienstleiterin ist total verunsichert: »Wenn ich diesen Beschluss meinen Leuten mitteile, pfeifen die mich aus!« Tun sie das? Nein. Weil die Leiterin sagt: »Ich weiß genau, was Sie über diese Maßnahme denken – und ich werde Ihnen nicht widersprechen. Ich sage nur eines: So hart und unverständlich das ist – das wirft uns nicht um! Damit werden wir auch noch fertig. Egal, was man uns in den Weg stellt – wir halten zusammen und finden zusammen eine Lösung, auf die wir stolz sein können.« Alle klatschen. Warum? Weil nichts so überzeugend ist wie eine persönliche Überzeugung. Wie fühlt sich die Innendienstleiterin wohl dabei? Absolut überzeugt.

Und behaupten Sie nicht, es gäbe Dinge, die keine Überzeugung zuließen. Das behaupten nur Anfänger. Fortgeschrittene finden im größten Misthaufen noch eine Überzeugung. Weil die Überzeugung nicht im Misthaufen steckt, sondern von innen kommt.

Der einzige Haken daran: Überzeugung kann man nicht faken, nicht vortäuschen. Das erscheint logisch, doch das post-kapitalistische Management scheint der Überzeugung zu sein, dass man alles faken kann und muss: Umweltbewusstsein, Kundenorientierung, Verantwortung. Deshalb halten viele Manager »Auf-zu-neuen-Ufern-Reden«. Sie glauben, dass man nur die richtigen Phrasen aneinanderreihen muss, um die Leute hinters Licht führen zu können. Das ist ein kindlicher Irrglaube. Der Mensch ist nicht dumm. Er riecht Unehrlichkeit förmlich. Daher:

Wenn Sie sich überzeugt fühlen, dann überzeugen Sie auch andere. Gefühle kann man nicht faken.

Wovon können Sie überzeugt sein? Das ist die Frage. Nicht nur für Präsentationen, sondern fürs ganze Leben. Ein Leben ohne Überzeugung ist nur ein halbes Leben, sagt ein spanisches Sprichwort. Nur wer nach seinen Überzeugungen lebt, erlebt ein Leben in Fülle, aus der eigenen Mitte heraus, im Einklang mit sich selbst, mit seiner Seele, eben mit seinen tiefsten Überzeugungen.

Und dafür brauchen Sie lediglich Ihre Überzeugungen ausfindig zu machen. Das macht etwas Arbeit. Ausgrabungsarbeit. Doch es lohnt sich. Mehr als alles andere im Leben.

Wovon sind Sie überzeugt?

Kapitel-Resümee: Souverän und sicher!

Für dieses Kapitel gibt es keine schnell konsumierbaren Torpedo-Tipps: Souveränität geht tiefer, ans Eingemachte. Das Eingemachte in Kürze:

➤ Fassen Sie hier und jetzt den Entschluss, von dieser Sekunde an immer sicherer und souveräner zu denken, zu sprechen, zu handeln, zu genießen, zu arbeiten, zu erziehen, zu lieben, zu leben. Bekräftigen Sie diesen Entschluss stündlich bis an Ihr selig' Ende.

➤ Egal, was Sie denken: Schauen Sie sich Ihre Gedanken an. Disputieren und entwerten Sie Negativgedanken. Ersetzen Sie sie durch Positivgedanken. Positivgedanken geben Sicherheit.

➤ Sie fühlen sich unsicher? Suchen Sie Ihre Einflussmöglichkeiten und reframen Sie Ihren Stress als Aufgabe. Beides macht Sie sicher.

➤ Probehandeln Sie so oft wie möglich – nicht nur Präsentationen, sondern alles, was Ihnen wichtig ist.

➤ Sie fühlen sich unsicher? Fühlen Sie sich bis zur Wut durch – oder bis zu jedem anderen Gefühl, das Sie zum Handeln aktiviert: Stolz, Ehrgefühl, Trotz, Zuversicht, Siegeswille, Mut, Frechheit und so weiter.

➤ Machen Sie doch keinen solchen Wirbel um die paar Torpedos! Werden Sie erwachsen. Reagieren Sie reif und überlegt auf alles, was Ihnen das Leben vor die Füße wirft.

➤ Lehnen Sie jede Internalisierung äußerer Wertungen ab. Für Ihre Gefühle, Wertungen und Meinungen sind Sie und nur Sie zuständig! »No fate but what we make«, wie Linda Hamilton in *Terminator* sagt. Schicksal ist selbst gemacht.

➤ SIHR. Geben Sie Angreifern generell Recht: »Sie haben recht …« – und dann sagen Sie, was gesagt werden muss.

➤ Mit der richtigen Überzeugung werden Sie sich immer und überall und in allen Lebenslagen sicher und souverän fühlen und auch so handeln.

Nachwort

Am meisten überrascht mich immer wieder der Vorher-Nachher-Vergleich. Präsentierende, die aus Angst vor Störungen vor und bei der Präsentation fast panisch sind oder die mangels solider Torpedo-Abwehr sich immer wieder »vom Seil schießen« lassen, wie es im Präsentationsslang wenig charmant heißt, erwerben schon mit wenigen Komponenten der dargestellten Torpedo-Abwehr eine oft atemberaubende Sicherheit im Vortrag.

Manchmal sieht man förmlich, wie der Knoten platzt: Fühlen sich die Präsentierenden endlich sicher vor lästigen Angriffen, entwickeln sie eine Brillanz und Ausstrahlung, die jede ihrer Präsentationen zum Erlebnis macht. Oft werden sie dann gefragt: »Was hast du gemacht? Du bist ja ein ganz anderer Mensch, wenn du da vorne stehst!« Die Antwort ist einfach: Sie haben endlich eine Torpedo-Abwehr installiert.

Weiter überrascht mich, wie anspruchslos und aufwandsarm eine funktionierende Torpedo-Abwehr in der Praxis ist. Viele Präsentierenden befürchten: »Ich habe schon genug Arbeit, wenn ich Inhalt und Darstellung vorbereite – da habe ich nicht auch noch Zeit, mich vorbereitend um Störungen zu kümmern!« Wer sich von diesem Irrglauben nicht in Versuchung führen lässt, erkennt recht schnell: Eine wasserdichte Torpedo-Abwehr benötigt weder viel Zeit noch viel Aufwand.

Zwar habe ich Ihnen in diesem Buch die ganze Palette der Torpedo-Abwehrmaßnahmen gezeigt. Doch nicht unbedingt zu dem Zweck, dass Sie sämtliche Maßnahmen implementieren. Viel eher, damit Sie sich die für Sie und Ihre Situation passenden aussuchen. Das können zehn, fünf, drei oder gar nur eine sein. Ich kenne viele Präsentatoren und Präsentatorinnen, die mir sagen: »Weil ich oft spontan präsentieren muss, kann ich mich nicht ausreichend vorbereiten – also halte ich mich einfach an Torpedo-Tipp ... fest. Ich sage ihn mir wie ein Mantra vor. Das macht mich gelassen – und kein Torpedo kann mir dann etwas anhaben.« So soll es sein.

Selbstverständlich ist die beschriebene Torpedo-Abwehr »vom Blatt« spielbar, das heißt allein durch Lektüre des Buches und etwas Übung anwendbar. Wenn Sie sich jedoch lieber im Kreise Gleichgesinnter mit dem Instrument der Torpedo-Abwehr vertraut machen wollen, steht Ihnen selbstverständlich das entsprechende Seminar offen. Wenn Sie ein ganz spezielles Problem mit oder bei Präsentationen haben, für das Sie professionelle Unterstützung wünschen, empfiehlt sich ein Coaching. Auch das soll nicht verschwiegen werden: Ausgerechnet die erfolgreichsten Präsentatoren nehmen sich vor besonders wichtigen Präsentationen (vor Vorstand, Key Account oder Projektgremium) meist ein Coaching, um optimal vorbereitet zu sein.

Wenn ich Sie bei Ihrer Vorbereitung und Torpedo-Abwehr unterstützen kann, mache ich das natürlich gerne. So erreichen Sie mich:

Dr. Cornelia Topf
metatalk Kommunikation + Training
Weichselweg 1
86169 Augsburg

Tel.: 08 21-70 48 82
Fax 08 21-70 67 28
E-Mail: info@metatalk-training.de
Homepage: www.metatalk-training.de

Anhang: Alle Torpedo-Tipps auf einen Blick

1. Die Hälfte der Torpedos können Sie durch eine gute Vorbereitung vermeiden.

2. Das Nichtangriffs-Postulat: Was eine Störung ist und was nicht, bestimmen immer noch Sie!

3. Vermeiden Sie alles, was eine Störung provozieren könnte!

4. So schnell wie möglich weiter im Text! Lassen Sie sich durch Störungen nicht über Gebühr aufhalten.

5. Bereiten Sie sich mit dem Torpedo-Radar gezielt auf Störer und ihre Störungen vor.

6. Behandeln Sie Störungen stets angemessen: kleine Störung – kleine Reaktion.

7. Begegnen Sie Störungen zunächst auf der untersten Eskalationsstufe: erst ganz sanft.

8. Die erste kleine Störung sollten Sie ignorieren. Bei der zweiten können Sie, bei der dritten müssen Sie eingreifen.

9. Je gefestigter Ihr Selbstbewusstsein, desto leichter gehen Sie mit Störungen um.

10. Sagen Sie sich bei kleinen Störungen konsequent und nachdrücklich: »Nicht ich bin gemeint!« Das gilt bis zum Beweis des Gegenteils.

11. Beziehen Sie Störungen nicht auf sich, sondern auf den Verständigungsprozess.

12. Ein Profi freut sich über jede Störung, weil sie ein perfekter Anlass ist, mit den Zuhörern in den Dialog zu treten – die Erfolgsgarantie für Präsentationen schlechthin!

13. Bekämpfen Sie nicht die Störung, sondern deren Ursache.

14. Je dümmer die Zwischenfrage, desto freundlicher, sachlicher und klarer beantworten Sie sie.

15. Dumme Kommentare niemals abschmettern, sondern mit Gummiband relativieren.

16. Erfragen Sie die konkreten Gründe der Langeweile und stellen Sie sie ab!

17. Große Störungen unterscheiden sich nur in der Größe, nicht vom Prinzip von kleinen. Also keine Bange: Wenn Sie das Gegenmittel kennen, entschärfen Sie große so einfach wie kleine Störungen.

18. Störungen niemals zynisch behandeln! Das hilft zwar oft, wirkt aber oberlehrerhaft, zickig und unsouverän.

19. Je größer der Torpedo, desto stärker weigern Sie sich, sich provozieren zu lassen. Wer die Contenance verliert, hat schon verloren – und der Störer hat gewonnen.

20. Vor jeder Präsentation: Handys abschalten lassen!

21. Die erste Killerphrase überhören Sie geflissentlich. Bei der zweiten oder dritten schreiten Sie ein und fragen nach.

22. Killerphrasen immer wortwörtlich nehmen und fragend spezifizieren lassen.

23. Für jede rhetorische Gemeinheit gibt es ein Gegenmittel. Lernen Sie es kennen und beherrschen!

24. Sie werden auch mit Angriffen unter der Gürtellinie fertig. Sie brauchen dazu keine Nerven aus Stahl, sondern nur etwas Vorbereitung.

25. Werden Sie persönlich beleidigt – nicht provozieren lassen!

26. Rechtfertigen Sie sich nicht, das wirkt schwach.

27. Bei persönlichen Attacken können Sie sich naiv stellen.

28. Je brutaler ein Torpedo-Angriff, desto besser wirkt Humor (wegen der Kontrastwirkung).

29. Machen Sie sich keine falschen Hoffnungen. Rechnen Sie damit, als Frau torpediert zu werden.

30. Wenn Sie einen Chauvi ignorieren, lassen Sie es ihn wissen: Lächeln Sie!

31. Betreiben Sie umfängliche bis pingelige Pannenprophylaxe!

32. Bauen Sie üppig Zeitpuffer ein!

33. Erfahrene Präsentatoren wissen: Es geht nie ganz ohne Pannen ab!

34. Wenn Sie kein Drama aus einer Panne machen, macht es auch sonst keiner. Wenn Sie sich keinen Vorwurf wegen einer Panne machen, macht Ihnen auch sonst keiner einen.

35. Bevor Sie bei einer Panne im eigenen Saft zu schmoren beginnen, fragen Sie das Publikum.

36. Verkneifen Sie sich Wertungen!

37. Erinnern Sie sich daran, dass der Chef Sie nicht kündigt, auch wenn Sie die Präsentation verhauen – das beruhigt ungemein.

38. Entrüsten Sie sich ruhig über einen unfairen Chef – aber bereiten Sie sich vor allem auf seine Torpedos vor!

39. Je besser Sie den Chef verstehen, desto eher können Sie seine Torpedos vorausberechnen und kontern und desto weniger macht Ihnen das etwas aus.

40. Je stärker Ihr Selbstwertgefühl, desto unschädlicher prallen Chef-Torpedos an Ihnen ab.

Stichwortverzeichnis